华建集团 科创成果系列丛书
ARCPLUS

超高层建筑
电气设计关键技术研究与实践

RESEARCH AND PRACTICE ON KEY TECHNOLOGIES OF
ELECTRICAL DESIGN FOR SUPER HIGH-RISE BUILDING

沈育祥　著

中国建筑工业出版社

图书在版编目（CIP）数据

超高层建筑电气设计关键技术研究与实践 =
RESEARCH AND PRACTICE ON KEY TECHNOLOGIES OF
ELECTRICAL DESIGN FOR SUPER HIGH–RISE BUILDING /
沈育祥著. —北京：中国建筑工业出版社，2021.5（2022.4重印）
（华建集团科创成果系列丛书）
ISBN 978-7-112-26144-4

Ⅰ．①超… Ⅱ．①沈… Ⅲ．①超高层建筑–电气设备
–建筑设计 Ⅳ．①TU855

中国版本图书馆CIP数据核字（2021）第089455号

《超高层建筑电气设计关键技术研究与实践》从研究和实践两个维度，对超高层建筑电气设计中的关键技术进行了详细的阐述。研究篇分为超高层建筑电气设计要点、供配电系统、照明设计、防雷接地、电气防灾研究、物业管理及维护、绿色节能及可持续发展等7个章节。实践篇汇集了华建集团华东建筑设计研究总院设计的31个超高层建筑具体项目案例。

本书具有系统性强、结构严谨、技术先进、实践性强等特点，可供从事超高层建筑电气技术理论研究和工程实践的工程技术人员、电气设计师进行学习、参考、借鉴，也可供高等院校相关专业师生阅读、学习。

责任编辑：王华月　范业庶
责任校对：芦欣甜

华建集团科创成果系列丛书
超高层建筑电气设计关键技术研究与实践
RESEARCH AND PRACTICE ON KEY TECHNOLOGIES OF
ELECTRICAL DESIGN FOR SUPER HIGH–RISE BUILDING
沈育祥　著

*

中国建筑工业出版社出版、发行（北京海淀三里河路9号）
各地新华书店、建筑书店经销
北京鸿文瀚海文化传媒有限公司制版
北京中科印刷有限公司印刷

*

开本：880毫米×1230毫米　1/16　印张：13　字数：313千字
2021年7月第一版　2022年 4 月第二次印刷
定价：**158.00**元
ISBN 978-7-112-26144-4
（37690）

作者简介

沈育祥 华建集团华东建筑设计研究总院电气总工程师,教授级高级工程师,注册电气工程师,担任全国勘察设计注册工程师管理委员会委员、中国建筑学会建筑电气分会理事长、中国建筑学会理事、中国消防协会电气防火专业委员会副主任、上海市建筑学会常务理事、上海市建委科学技术委员会委员等社会职务。

先后主持东方之门、新开发银行总部大楼、苏州中南中心、南京江北新区等超高层建筑以及国家图书馆、上海地铁迪士尼车站、东方艺术中心等各类重大工程项目的电气设计。

主编和参编《智慧建筑设计标准》T/ASC 19-2021、《智能建筑设计标准》GB/T 50314-2000、《民用建筑电气防火设计规程》DGJ 08-2048-2016、《耐火和阻燃电线电缆通则》GB 19666-2005等20余部国家和地方标准规范。

在国内权威期刊上发表《从智能建筑到智慧建筑的技术革新》《低压直流配电技术在民用建筑中的合理应用》等十余篇专业学术论文,并主编或参撰《智能建筑设计技术》《中国消防工程手册》等多部学术专著。

曾获国家优秀工程标准设计奖、上海市优秀工程设计奖、全国标准科技创新奖、上海标准化优秀技术成果奖、上海优秀工程标准设计奖、上海市科技进步奖、上海市建筑学会科技进步奖等荣誉。

编委会

超高层建筑电气设计关键技术研究与实践

总 序

当今世界处于百年未有之大变局时期，唯有科技创新才能持续引领行业发展。随着新一轮科技革命和产业变革深入发展，以及碳达峰、碳中和纳入生态文明建设整体布局，数字中国和智慧城市建设，将带动5G、人工智能、工业互联网、物联网、绿色低碳等"新型基础设施"建设和发展。当前，在构建双循环新发展格局的背景下，实行高水平对外开放、深化"一带一路"国际合作、雄安新区、粤港澳大湾区、长江经济带发展、长三角一体化发展、黄河流域生态保护和高质量发展等国家战略的持续推进，将为行业带来新的、重要的战略机遇期，勘察设计行业应加快创新转型发展，瞄准科技前沿，在关键核心技术和引领性原创成果方面不断突破，切实将科技创新成果转化为促进发展的源动力。

华东建筑集团股份有限公司（以下简称华建集团）作为一家以先瞻科技为依托的高新技术上市企业，引领着行业的发展，集团定位为以工程设计咨询为核心，为城乡建设提供高品质、综合解决方案的集成服务商。旗下拥有华东建筑设计研究总院、上海建筑设计研究院、上海市水利工程设计研究院、上海地下空间与工程设计研究院、建筑装饰环境设计研究院、数创公司等20余家分子公司和专业机构。集团业务领域覆盖工程建设项目全过程，作品遍及全国各省市及全球7大洲70个国家及地区，累计完成3万余项工程设计及咨询工作，建成大量地标性项目，工程专业技术始终引领并推动着行业发展和攀升新高度。

集团拥有1个国家级企业技术中心、9家高新技术企业和6个上海市工程技术研究中心，近5年有1500多项工程设计、科研项目和标准设计荣获国家、省（市）级优秀设计和科技进步奖，获得知识产权610余项。历年来，主持和参与编制了各类国家、行业及上海市规范、标准共270余册，体现了集团卓越的行业技术创新能力。累累硕果来自数十年如一日的坚持和积累，来自企业在科技创新和人才培养的不懈努力。集团以"4+e"科技创新体系为依托，以市场化、产业化为导向，创新科技研发机制，构建多层级、多元化的技术研发平台，逐渐形成了以创新、创意为核心的企业文化，是全国唯一一家拥有国家级企业技术中心的民用建筑设计咨询企业。在专项业务领域，开展了超高层、交通、医疗、养老、体育、演艺、工业化住宅、教育、物流等专项建筑设计产品研发，形成一系列专项核心技术和知识库，解决了工程设计中共性和关键性的技术难点，提升了设计品质；在专业技术方面，拥有包括超高层结构分析与设计技术、软土地区建筑地基基础和地下空间设计关键技术、大跨空间结构分析与设计技术、建筑声学技术、建筑装配式集成技术、建筑信息模型数字化技术、绿色建筑技术、建筑机电技术等为代表的核心技术，在提升和保持集团在行业中的领先地位方面，起到了强有力的技术支撑作用。同时，集团聚焦中高端领军人才培养，实施"213"人才队伍建设工程，不断提升和强化集团在行业内的人才比较优势和核心竞争力，集团人才队伍不断成长壮大，一批批优秀设计师成为企业和行业内的领军人才。

　　为了更好地实现专业知识与经验的集成和共享，推动行业发展，承担国有企业社会责任，我们将华建集团各专业、各领域领军人才多年的研究成果编撰成系列丛书，以记录、总结他们及团队在长期实践与研究过程中积累的大量宝贵经验和所取得的成就。

　　丛书聚焦建筑工程设计中的重点和难点问题，所涉及项目难度高、规模大、技术精，具有普通小型工程无法比拟的复杂性，希望能为广大设计工作者提供参考，为推动行业科技创新和提升我国建筑工程设计水平尽一点微薄之力。

华东建筑集团股份有限公司党委书记、董事长

序 一

随着科学技术日新月异的高速发展，物联网、大数据、云计算、AI、5G等技术迅速落地，在全面朝着建筑智慧化迈进的当前，建筑电气技术将在实现建筑的绿色、智慧、安全、可持续发展等方面起到关键作用。近年来，随着城市逐渐发展成熟，在高密度核心区建设超高层建筑，可以实现空间立体化、功能多样化、环境人性化、更新开发一体化与人文艺术多元化，但是超高层建筑的性质也决定了其在电气系统的可靠性、设备控制的智能化和系统运行的绿色节能、消防系统的安全性、照明系统的舒适性、物业运维的高效性等诸多方面，对建筑电气设计提出了较高的要求。

作为中国一流的勘察设计企业，华建集团在超高层建筑设计领域深耕细作30余年，积累了丰富的工程经验，在建筑设计和项目管理方面行业领先。从20世纪80年代初期设计上海电信大楼开始，华建集团先后设计并完成了以东方明珠广播电视塔、上海环球金融中心、南京绿地紫峰大厦、武汉绿地中心、天津高银金融117大厦、东方之门为代表的一大批超高层建筑项目。华建集团电气专业专家及团队一直致力于对超高层建筑电气技术研究，在超高层建筑电气设计要点、供配电系统、照明设计、防雷接地、电气防灾研究、物业管理及维护、绿色节能及可持续发展等方面掌握了关键核心技术，形成了一系列超高层建筑电气领域的关键技术创新性成果，也涌现出了一批为我国超高层建筑设计领域作出卓越贡献、具有深厚造诣的优秀电气专家。

本书由沈育祥倾注多年心血著写而成，凝聚了其多年来专注超高层建筑电气设计领域的工程技术实践和理论创新成果，也是华建集团长期坚持产学研一体化发展的成就展示，其中不乏许多创新实践。书中通过对华建集团华东建筑设计研究总院等下属企业设计的大量具有广泛影响力的超高层建筑重大工程项目实践案例（包括作者直接主持设计的）进行梳理和分析，结合作者长期的科技创新研究成果，重点对250m及以上超高层建筑电气设计中供电电源的可靠性分析、变电所上楼深入负荷中心、用电指标的计算、绿色节能及可持续发展等进行系统总结和理论创新，代表了当今国内外超高层建筑电气设计先进理念和设计水平。

相信本书能够为广大电气设计工作者提供极有裨益的专业参考。同时，也期望本书的出版，能为我国超高层建筑电气的设计实践与技术创新，作出积极贡献。

华东建筑集团股份有限公司　总裁

序 二

正值春暖花开，万物复苏之时，我的案头摆放着《超高层建筑电气设计关键技术研究与实践》书稿，翻阅书页，我内心感慨颇多。

19世纪下半叶，电梯的发明让建筑物可以无限地向着天空发展。1894年，位于美国纽约的曼哈顿人寿保险大厦落成，其106m的建筑高度正式标志着建筑设计与建造进入超高层时代。我国的第一栋超高层建筑是落成于1976年的广州白云宾馆，建筑高度为114.05m；我国第一栋超过250m的超高层建筑是落成于1990年的香港中银大厦，建筑高度为367.4m。虽然我国的超高层建筑发展起步较晚，但发展速度却是世界领先。近些年，世界近半数的新建超高层建筑都在我国。据统计，在我国一线城市与新一线城市，开发完成或正在开发建设中的100m以上超高层建筑建设量已经将近4000栋，而250m以上超高层建设量也已经近950栋。

超高层建筑在全球乃至我国的风靡，不仅是城市人口大量聚集的空间结果，更是经济密度最高，产业、人才、科技、文化、资金高度集聚的呈现，是国家和区域综合实力物质化的必然产物。超高层建筑具有使用承载人员众多、建筑体量巨大、内部功能复杂等特点，彰显着当今建筑技术的最高标准，并成为城市最具活力与魅力的区域和形象代表。

当前我国正处于未来发展的重大格局变革期，大都市圈城市群建设高速推进，城市化率不断提升，习近平总书记多次强调"城市是人民的城市，城市建设要创造宜业、宜居、宜乐、宜游的良好环境，为人民创造更加幸福的美好生活"。因此，如今的超高层建筑所彰显的不应仅仅是高度和形象，它更是一座微缩的立体城市，需要为人们提供安全可靠的生活保障和宜居宜业的生活环境。

建筑电气设计是电气工程学科的具体应用，也是超高层建筑设计的重要组成部分。高效便捷的电梯系统、全面的照明系统、舒适的空调系统、可靠的安防系统以及全方位的智能化系统都成为今天超高层建筑不可或缺的一部分，这些也与人们每天的生活密不可分。综合来看，超高层建筑的电气系统具有用电负荷大、电源可靠性要求高、防火防灾要求高、物业管理界面复杂等特点，同时与绿色节能、可持续发展等方面紧密相连，这就需要技术人员不断创新，以人为中心，应对未来的全新时代，打造更加舒适智能的建筑生活环境。

华东院有着几十年的悠久历史以及遍布全国的超高层设计实践历程，本书是基于华东院的多年实践总结，从超高层建筑电气设计要点、供配电系统、照明设计、防雷接地、电气防灾研究、物业管理及维护、绿色节能及可持续发展七个方面层层展开，全面而详细地介绍了超高层建筑电气设计的关键性技术。最难能可贵的是本书将技术研究与多年来的实际工程实践相结合，精选了31个超高层建筑电气系统设计案例，提供了相关案例的设计特征与电气设计精准数据，为今后建筑电气设计的从业人员提供了宝贵资料，为我国的超高层建筑行业的电气设计做出应有的贡献，体现了华东院的专业精神和对社会的回馈奉献意识。

2021年是我国"十四五"规划的开端之年，有着非同凡响的意义，充满希望，未来可期。如何塑造更好的未来城市，打造令人向往的创新之城、人文之城、生态之城，超高层建筑行业需要更多的探索和创新，任重而道远。相信这本《超高层建筑电气设计关键技术研究与实践》能够为超高层建筑电气专业人士提供帮助，推动高层建筑人居环境的高质量发展。

中国建筑学会高层建筑人居环境学术委员会主任
华建集团华东建筑设计研究总院院长、总建筑师
2021年2月于上海

序 三

    1978年开始的中国改革开放，揭开了中华民族5000多年文明史崭新的一页。短短几十年的艰苦奋斗，中国发生了翻天覆地的变化，从一个"一穷二白"的国家，一跃而成为世界第二大经济体，傲立于世界民族之林，人民生活和城乡面貌也发生了巨大的变化。在这个巨变中，建设行业做出了巨大的贡献，同时建设行业本身也提升到了一个新的水平，总体实力和科技水平都进入了世界先进行列。反映这一变化的重要标志之一是全国各地大量建造的高层和超高层建筑。

    中国是世界第一人口大国，虽然疆域辽阔，但可供建设的土地面积有限。在城市化进程中，大量农村人口涌入城市，更加重了建设用地的紧缺性。因此，在我国因地制宜地发展高层和超高层建筑是一种不可替代的选择。而改革开放以来我国经济实力和科技实力的增强，为高层建筑的发展提供了坚实的基础。正是在这种条件下，出现了中国高层建筑的超常规发展。据世界高层建筑与都市人居学会（Council on Tall Buildings and Urban Habitat，CTBUH）统计，中国是过去20年在高层与超高层建筑领域实践最多、发展最快的国家。2019年全球建成的126座200m及以上的建筑中，有57座在中国，占比达45%，当前全球最高的20座建筑中有13座位于中国。我国已经形成了高层建筑设计与施工的完整的技术和规范体系，成为当之无愧的世界高层建筑第一大国。

    高层建筑是现代科学和工程技术发展的产物，它体量庞大，功能复杂，业态多样，内涵丰富，容纳人员众多，在国民经济和人民生活中发挥着重大的作用，它不是楼层的简单堆砌，而是蕴含了当代科学技术中可用于建筑功能的大量先进科技成果。同时，它必将随着科技的进步而不断更新其内涵，达到安全、经济、节能、生态、环保、丰富城市形态的综合效果，以满足社会生活对高层建筑的新需求。

    电气专业是高层建筑建设计中的主要专业之一，超高层建筑的性质，决定了其电气设计在可靠性、安全性、保障性方面的要求要高于一般建筑，很多技术问题需要特殊考量和处理。如：与应急发电机组相结合的供配电系统的方案优选，变电所上楼深入负荷中心的设置，供配电线路阻燃、耐火性能及敷设的特殊要求，火灾报警系统网络化的层级管理，防灾系统的综合应用等，都是需要结合具体工程深入研究、妥善处理的，设计要求与复杂性远高于常规建筑。

华东院多年来设计了大量的超高层建筑，业绩遍及全国各地。《超高层建筑电气设计关键技术研究与实践》一书基于华东院大量的工程经验，从研究与实践两个维度对其中的关键技术进行总结，我认为是一件非常有意义的工作。在我国改革开放进入高质量发展阶段的今天，相信本书的出版对促进我国超高层建筑电气专业的学术交流及推动以及超高层建筑电气设计水平的提高将起到积极的作用。

全国工程勘察设计大师

华建集团华东建筑设计研究总院资深总工程师

2021年1月于上海

前 言

　　近几年，我在全国各地做学术报告的时候，总喜欢用两张照片作为PPT的封面。一张照片是在华东院的屋顶上拍摄的上海浦东陆家嘴全貌，代表着改革开放30周年浦东的成就。我经常很自豪地给朋友介绍，这张照片中一半以上项目都是由华东院参与设计的。另一张照片是华东院总部大楼（汉口路151号红砖楼），这栋楼见证了华东院从成立到发展，一代又一代华东院人在这里绘制祖国建设的蓝图，有的一家三代人在这里默默耕耘，有的在这栋楼找到了爱情，由同事成为家人，这一切都源于大家有着一颗共同的热爱华东院的赤子之心。同样，我在做学术报告的时候，经常会指着这张华东院老照片动情地讲，这就是我办公的地方，是我从一个青涩小伙慢慢变老的地方，有时还会用电光笔点着某个窗户说，这扇窗户后面就是我的办公室。

　　此时，灿烂的阳光正透过这扇窗户洒进房间，照到我的办公桌上，我拿起笔思绪万千，记忆的闸门缓缓打开。

　　1984年7月12日，一个青涩的江南小伙带着一箱书和几件旧衣走进位于上海外滩的汉口路151号铜门，开始了他的职业生涯。在老专家的带领下，参与的第一个项目是上海电信大厦（130m，当时上海最高的地标建筑），手绘的第一张图纸是10kV变电所系统图，这得益于大学毕业设计内容就是变电所的设计。为了保证供电可靠性，上海电信大厦设置了柴油发电机房，因此有了职业生涯的第一次出差机会——广州柴油机厂考察。

　　1987年，华东院成立CAD中心，我有幸成为其中的一员。记得当年江欢成院士负责东方明珠项目，我在他的指导下用计算机绘制东方明珠的效果图，这应该也是上海第一张用计算机绘制的建筑效果图。

　　20世纪90年代，我有幸负责当时的南京地标建筑——南京国际商城（168m）和上海浦项广场（146m）的电气设计，其中浦项广场是外方投资，因此有了第一次去美国考察的机会。在摩天大楼的故乡——芝加哥，登上了西尔斯大厦，在103层442 m的观光厅俯瞰芝加哥，后来又参观了纽约世贸中心双子塔和帝国大厦。那次的美国考察之行，我收获满满，触动很大。返程的飞机上，我憧憬着未来在中国大地上也能有如此多的超高层建筑。

2003年，我负责主持苏州家乡的东方之门（281m）的电气设计，该项目现在是苏州网红打卡圣地。在项目中，提出了变电所上楼、深入负荷中心的供电方案，这个理念完全得益于在美国对超高层建筑的考察。

转眼间，全国各地掀起了超高层建筑建设热潮，我国超高层建筑的数量已远远超过美国，200 m以上超高层建筑中，华东院设计或咨询的有170多项，其中400 m以上有32项。近期我主持的苏州中南中心、南京江北绿地中心、金茂南京河西综合体等超高层建筑的电气设计，其建筑高度均接近500 m。华东院超高层建筑方面的非凡业绩，得益于由院士、大师领衔的强大结构队伍和建筑原创力量，才给予我们机电专业实践的机会。在华东院，几乎每一位电气专业负责人都有超高层建筑电气设计的经历。

时光荏苒，从入职华东院，第一张手绘图纸、第一次出差、第一张电脑效果图、第一次去美国、第一次采用变电所上楼方案，到如今主持多项超高层建筑电气设计，我的职业生涯与超高层建筑结下了很深的缘分。作为华东院的一名老电气工程师，我深感有责任和义务，将华东院最强项的超高层建筑电气设计进行总结和传承，以飨我国广大业内电气设计师同仁，于是有了编撰这本书的念头。书中详细地阐述了超高层建筑电气设计的关键技术，并汇集了华东院30多项超高层建筑优秀项目案例，供广大同行参考借鉴。

参加本书第1~7章编写的还有副主编金大算、王晔、殷小明，编委黄晓波、俞旭、周润、王斌、沈冬冬、方飞翔、王伟宏、杨小琴、王磊、季晨等，参与实践篇工程实例编写的还有包昀毅、刘剑、季琪、胡小佛、景卉、柳晶、张斌、张奂之、张高峰、钱蓉、韩凤明等。

陈众励、夏林、邵民杰、钱观荣等教授对本书进行了认真的审阅，提出了非常宝贵的意见，在此表示感谢！

在本书编写过程中，得到了华建集团和华东院领导的大力支持，尤其是得到了汪大绥大师和周建龙大师的指导。同时，各位编者都是华东院的技术骨干，他们手中同时负责几个项目的电气设计，为了本书的编写及顺利出版放弃了节假日休息，付出了辛勤的汗水和劳动，在此一并表示感谢！

由于编者水平有限，加之时间仓促，书中难免存在疏漏或不妥之处，欢迎读者批评指正。

2021年1月于上海

目　录

001　第一篇 ｜ 研究篇

003　第1章　超高层建筑电气设计要点

003　1.1　概述
003　1.2　电气设计要点
003　1.2.1　供电电源要求
004　1.2.2　自备柴油发电机组的电压等级
004　1.2.3　变电所的选址
004　1.2.4　电缆选择及安装
004　1.2.5　物业管理界面划分
005　1.2.6　超高层建筑的疏散
005　1.2.7　超高层建筑的能耗
005　1.2.8　防雷系统

006　第2章　供配电系统

006　2.1　负荷分级及供电要求
006　2.1.1　负荷分级原则
006　2.1.2　典型负荷分级
007　2.2　负荷计算
007　2.2.1　负荷计算常用方法
009　2.2.2　需要系数法求计算负荷
009　2.2.3　典型房间、场所用电指标
010　2.2.4　物业管理公司的用电指标调研
013　2.2.5　负荷指标调研

014　2.2.6　负荷计算案例分析

016　**2.3　供电电源**
016　2.3.1　电源系统可靠性的相关计算
020　2.3.2　电源选择
023　2.3.3　10kV柴油发电机组方案研究
023　2.3.4　谐波预防与治理

024　**2.4　高低压供配电系统**
024　2.4.1　高压配电方式研究
029　2.4.2　典型高压供配电系统
033　2.4.3　低压配电系统

039　**2.5　变电所及柴油发电机房**
039　2.5.1　变电所及柴油发电机房位置选择
039　2.5.2　变电所及柴油发电机房典型布置
039　2.5.3　上楼变压器容量、运输、减振、降噪等研究

043　**2.6　导体选择**
043　2.6.1　导体类型选择
045　2.6.2　导体截面选择
045　2.6.3　导体载流量
045　2.6.4　垂直电缆敷设方式研究
046　2.6.5　室内线路敷设要求

048　**第3章　照明设计**

048　**3.1　照明设计要点**
049　**3.2　照明光源、灯具及附件的选择**
049　**3.3　照明配电及控制**
050　**3.4　典型房间/场所照度要求**
052　**3.5　航空障碍灯设置**

053　**第4章　防雷接地**

053　**4.1　防雷**
053　4.1.1　防雷及防护措施
054　4.1.2　防雷装置
054　4.1.3　防雷击电磁脉冲
055　4.1.4　电涌保护器的选择、配合及监测
056　4.1.5　屋顶直升机停机坪防雷策略
056　4.1.6　其他

056　**4.2　接地**

056   4.2.1   高压电气装置的接地

057   4.2.2   低压电气装置的接地

057   4.2.3   接地设计

059   4.2.4   接地干线选择

060   第5章   电气防灾研究

060   5.1   火灾自动报警系统

060   5.1.1   系统形式的选择和设计要求

062   5.1.2   消防联动控制

064   5.1.3   火灾自动报警设施的选择及设置

065   5.1.4   防火门监控系统

065   5.1.5   电气火灾监控系统

066   5.1.6   消防电源监控系统

066   5.2   电气设备/设施抗震要求

068   5.3   被动防火系统设计

069   5.3.1   电线电缆的燃烧性能要求

070   5.3.2   防火墙和防火门的设置要求

070   5.3.3   电气管线槽穿越楼板或防火墙的防火封堵要求

072   5.4   灾害时人员疏散与电梯运行方式

074   5.5   消防应急照明和疏散指示系统

074   5.5.1   消防应急照明灯具持续工作时间确定

075   5.5.2   消防应急照明灯具选择

075   5.5.3   消防应急照明的照度

077   5.5.4   标志灯设置原则

078   5.5.5   消防应急照明配电系统以及控制

079   5.6   气象预测及灾害预知

079   5.6.1   系统设备

081   5.6.2   系统合成

082   第6章   物业管理及维护

082   6.1   功能概述

082   6.2   电气系统典型分界面

082   6.2.1   市政供电电源

083   6.2.2   自备应急电源

083   6.3   消防安保中心总控与分控设置

086   6.4   电气系统分界——案例分析

086   6.4.1   案例一：上海环球金融中心

087　　6.4.2　案例二：上海白玉兰广场

088　　6.4.3　案例三：天津117大厦

090　　6.4.4　案例四：成都绿地中心

092　**第7章　绿色节能及可持续发展**

092　**7.1　超高速电梯的供电和馈能研究**

092　7.1.1　超高速电梯的定义

092　7.1.2　超高速电梯节能关键技术

095　7.1.3　案例分析

096　7.1.4　结论

096　**7.2　能耗管理系统**

097　7.2.1　能耗管理系统概念

098　7.2.2　能耗管理特点

098　7.2.3　能源管理方针

098　7.2.4　能源管理清单

099　7.2.5　建筑能耗分析

099　7.2.6　能耗管理系统现状

100　7.2.7　能耗管理改进措施

100　7.2.8　案例分析

102　7.2.9　结论

102　**7.3　BIM运维与生命周期管理**

102　7.3.1　BIM概念和现状与应用

102　7.3.2　传统运维管理现状

104　7.3.3　建立智慧运维护管理平台

105　7.3.4　全生命周期运维管理

105　7.3.5　BIM在建筑设备管理的应用需求

106　7.3.6　案例分析

106　7.3.7　结论

109　**第二篇　│　实践篇**

111　1.　上海白玉兰广场

116　2.　武汉中心

121　3.　成都绿地中心

126　4.　深圳恒大中心

130　5.　昆明春之眼

132　6.　天津津塔（天津环球金融中心）

134　7.　合肥恒大C地块

136   8. 绿地山东国际金融中心

138   9. 济南普利门

140   10. 南昌绿地高新项目（南昌绿地紫峰大厦）

142   11. 南京金鹰国际购物中心

144   12. 深圳太子湾

146   13. 苏州东方之门

148   14. 苏州国际金融中心

150   15. 天津117大厦

152   16. 天津富力响螺湾

154   17. 武汉绿地中心

156   18. 张江中区57地块

158   19. 智能电网科研中心

160   20. 重庆江北嘴国际金融中心

162   21. 绿地中心•杭州之门

164   22. 济南中信泰富

166   23. 南京金融城

168   24. 南京浦口绿地

170   25. 上海环球金融中心

172   26. 温州中心

174   27. 苏州绿地中心超高层B1地块

176   28. 武汉世贸中心

178   29. 张江58-01地块

180   30. 重庆俊豪

182   31. 深圳中信金融中心

185   **跋**

第一篇 | 研究篇

第1章　超高层建筑电气设计要点

1.1　概述

超高层建筑因高度高、体量大、业态多，通常是汇集高档商场、餐饮、办公、酒店、公寓、观光及其他功能于一体的超大型现代化多功能建筑。相对一般建筑而言，具有以下显著特点：

（1）用电负荷大，重要负荷多，对电源的可靠性、安全性要求很高，同时需要有更高效经济的节能策略。

（2）物业管理界面复杂，构建电气系统时需充分考虑分期建设、分期开业、运营管理的分界要求。

（3）人员密度大，应急疏散历时长、难度大，对建筑防灾救灾方面有更严苛的要求。

（4）项目品质高，需管理控制的设备多，对电气系统的可靠性、设备控制的便捷性等许多方面提出了更高的要求，要求搭建高效、稳定、先进的监控系统。

1.2　电气设计要点

在超高层建筑设计中，需要电气专业解决的问题比较多，如：供电电压等级确立、自备应急电源系统设置、高低压供配电系统构建、变配电所位置选择、机电设备监控、能效管理，以及照明系统、防灾系统、防雷系统、能耗管理系统等设计。

从重要性程度来讲，超高层建筑电气设计主要包括以下几个要点：

1.2.1　供电电源要求

供电电源应满足建筑物内各种设备的用电需求，保障建筑物正常、安全运行，就超高层的供电电源而言，对其供电容量、电源质量及供电可靠性、安全性有着更高、更特殊的要求。超高层建筑的供电电源由当地的供电条件所决定，通常由两路或多路35kV、20kV、10kV 独立电源供电，受到电网的影响，偶尔也会出现例外，如天津117大厦、上海徐家汇中心、上海中心大厦等超高层建筑就采用110kV 电源供电。一般供电电压等级越高，所供的电源回路越少，但不应少于两路。

由于超高层建筑对消防、安全、运营等有特殊要求，除由不少于两个电源供电外，还应增设自备应急发电机组，在正常外供电源故障时作应急电源。同样有特殊要求的设备应配置不间断电源（UPS装置）、ISPS装置等。

1.2.2　自备柴油发电机组的电压等级

高度超过250m的建筑综合体，宜按业态分区，分别设置向大楼低区供电的低压发电机组和向大楼高区供电的中压发电机组；但当低区有中压电动机需要发电机供电时，低区可采用中压发电机或利用高区的中压发电机供电。

目前较为普遍的做法是：当建筑物高度低于150m或供电传输距离小于250m时，采用低压柴油发电机；当建筑物高度在150～300m或供电传输距离在250～400m时，根据超高层的分区特点，低区采用低压发电机，高区采用中压发电机，最终是通过技术经济比选确定选用中压发电机还是低压发电机；当建筑物高度大于300m或供电传输距离大于400m时，选用中压发电机。

1.2.3　变电所的选址

超高层建筑主变配电室可设置在地下室，但须考虑设备运输、电源接入方便的部位；地下动力中心室变电所一般设在动力中心上方，以减少供电线路长度以及有效利用空间，如变电所层高（5m）+动力中心层高（6m）=11m，相当于占用3层（视具体项目而定）。

受限于低压供电半径，需要考虑设置上楼变电所；地上层配变电所的位置相对较容易确定，一般位于相应的设备层和避难层内，设置在中间设备层或避难层的配变电所可以向上或向下楼层供电。

变压器上楼符合深入负荷中心的原则，其容量通常为800～1250kVA/10kV，或630～1000kVA/20kV，取决于变压器的外形尺寸和重量。

1.2.4　电缆选择及安装

超高层建筑由地下室主变配电所经强电竖井引至各地上分变电所的高压电缆，中间不设接头。因此，在超高层建筑项目中，亟需采用更为合适的电缆以及相应安装工艺，如：选用超高层建筑用垂吊敷设电缆（吊装电缆），此类电缆具有独特的电缆结构和垂吊敷设方式。电缆无桥架垂吊于竖井中敷设安装，节省了桥架材料及安装费用；配套专用吊具安装敷设，结构紧凑，电缆占用空间小，承载安全可靠。既满足超高层建筑对电缆的性能要求，亦较好地解决了上述安装问题。

1.2.5　物业管理界面划分

超高层建筑项目体量大，可以是独栋建筑，也可与其他塔楼组成建筑群。通常含有多种物业，多种物业汇聚一起，各电气系统分界面划分是重点，尤其是在设计之初，物业运营界面尚未最终确定的情况下，设计要保留灵活性。就电气系统而言，上述物业管理界面主要影响的内容包括供配电系统、应急柴油发电机系统及各种监控管理系统。

结合当前超高层项目建设特点，从规划、设计、开发、建设、销售、管理等方面综合考虑，根据业态分布采用物业管理分设的方案较为合适。

1.2.6　超高层建筑的疏散

当发生不可抗拒事件或火灾时，以楼梯为主的传统疏散逃生方式基本上无法将建筑内的所有人员快速而安全地疏散至安全区域，而且残疾人、老人和孕妇等行动能力受限人群也难以使用楼梯迅速疏散。超高层建筑中的消防电梯、观光电梯和普通客梯自动迫降至一层或电梯转换层，或继续运行以供客人逃生，何者风险更大，目前尚无定论，相关设计规范也未做明确规定。但近几年设计的一些超高层建筑消防电梯、观光电梯和普通客梯的供电方案和控制策略已有改变，笔者认为垂直运输设备均应由应急电源供电，必要时可根据现场消防人员的指令迅速恢复运行，执行紧急疏散任务。

关于应急照明系统持续供电时间的选择，《建筑设计防火规范》GB 50016—2014所规定的30min下限值，对于超高层建筑而言是不够的，应急照明系统的持续供电时间应取决于最大疏散时间。

1.2.7　超高层建筑的能耗

超高层建筑面临最大的管理困惑与难题，一是水、电、气能源消耗大，二是管理成本居高不下。充分发挥能源管理系统致力于通过更好的能源管理手段及节能降耗技术来帮助运营单位提升能源有效利用，帮助管理者实时了解建筑整体能源运行的现状及趋势，从日常耗能的环节本身发现能源问题，通过对不同业态耗能特点的分析，建立建筑能源管理流程，实现建筑内能源效益分析评价管理平台建设，实现建筑物内全过程能耗状态实时监测和分析，以及用能情况分析与评估，有效地实现节能降耗的目标。并根据实际运营情况针对性地调整和优化用能策略，提供能源管理平台进行能耗分类分项，进行能耗分析评估，挖掘节能潜力。

1.2.8　防雷系统

由于超高层建筑高度较高，所以遭受雷击的概率大，因此，必须切实做好防雷接地设计。防雷系统应考虑预防直击雷、感应雷和高电位入侵。根据《建筑物防雷设计规范》GB 50057—2010，超高层建筑防雷等级应按二类防雷建筑设计，在有条件的情况下，可参照一类防雷建筑要求设计。

第2章　供配电系统

2.1　负荷分级及供电要求

2.1.1　负荷分级原则

电力负荷应根据对供电可靠性的要求及中断供电在对人身安全、经济损失上所造成的影响程度进行分级，通常分为一级负荷、二级负荷和三级负荷。

（1）符合下列情况之一时，应视为一级负荷：

① 中断供电将造成人身伤害时；

② 中断供电将在经济上造成重大损失时；

③ 中断供电将影响重要用电单位的正常工作，或造成人员密集的公共场所秩序严重混乱。

（2）特别重要场所的不允许中断供电的负荷，应视为一级负荷中特别重要的负荷。

（3）符合下列情况之一时，应视为二级负荷：

① 中断供电将在经济上造成较大损失时；

② 中断供电将影响较重要用电单位的正常工作，或造成人员密集的公共场所秩序严重混乱。

（4）不属于一级和二级负荷者应为三级负荷。

2.1.2　典型负荷分级

超高层建筑中各主要用电负荷分级如表2.1-1和表2.1-2所示。

表 2.1-1　超高层建筑中各主要用电负荷分级（按照建筑高度）

序号	超高层建筑高度	用电负荷名称	负荷级别
1	≤ 150m	消防负荷用电；航空障碍灯；值班照明、警卫照明、障碍照明，主要业务和计算机系统用电，安防系统用电，电子信息设备机房用电，客梯用电，排水泵、生活泵用电	一级
2	> 150m	消防负荷用电；航空障碍灯	一级*
		值班照明、警卫照明、障碍照明，主要业务和计算机系统用电，安防系统用电，电子信息设备机房用电，客梯用电，排水泵、生活泵用电，主要通道及楼梯间照明用电	一级

注：负荷分级表中的"*"为一级负荷中特别重要的负荷。

表 2.1-2　超高层建筑中各主要用电负荷分级（按照建筑业态）

序号	建筑业态	用电负荷名称	负荷级别
1	金融办公	重要的计算机系统和安防系统用电；特级金融设施	一级 *
		大型银行营业厅备用照明用电；一级金融设施	一级
		中小型银行营业厅备用照明用电；二级金融设施	二级
2	办公	重要办公室用电	一级
3	酒店	四星级及以上酒店的经营及设备管理用计算机系统用电	一级 *
		四星级及以上酒店的宴会厅、餐厅、厨房、康乐设施用房、门厅及高级客房等场所的照明用电，厨房用电，计算机、电话、电声和录像设备、新闻摄影用电	一级

注：负荷分级表中的"*"为一级负荷中特别重要的负荷。

【案例分析】某高度为280m的超高层建筑项目，其包含的业态有办公及四星级酒店，建筑内各类用电负荷的供电电源要求如表2.1-3和表2.1-4所示。

表 2.1-3　项目供电电源要求

序号	项目供电电源要求	
1	市政电源	10kV 双重电源
2	应急电源	400V 自备柴油发电机
3	弱电设备	UPS

表 2.1-4　各类用电负荷的供电要求

序号	用电负荷名称	供电电源要求
1	消防负荷用电；航空障碍灯	两路市电 + 柴油机
2	主要业务和计算机系统用电，安防系统用电，电子信息设备机房用电	两路市电 + 柴油机 +UPS
3	值班照明、警卫照明、障碍照明，主要通道及楼梯间照明用电	两路市电
4	客梯用电，排水泵、生活泵用电	两路市电 + 柴油机
5	重要办公室用电	两路市电
6	酒店的经营及设备管理用计算机系统用电	两路市电 + 柴油机 +UPS
7	酒店的宴会厅、全日餐厅等场所的照明用电，厨房保障负荷用电	两路市电 + 柴油机
8	酒店的餐厅、厨房、康乐设施用房、门厅及高级客房等场所的照明用电，锅炉房及热水泵用电	两路市电
9	其他一般用电设备	一路市电

注：酒店的用电负荷供电要求还需满足酒店管理公司标准的要求。

2.2　负荷计算

2.2.1　负荷计算常用方法

建筑物电力负荷的变化是受多种因素制约的，难以用简单的计算公式来表示。在实际的工程设计中，通常采用的方法有单位指标法、需要系数法、利用系数法、二项式系数法等计算方法。

1. 单位指标法、功率密度法

这类方法计算过程较简便，适用于设备功率不明确的各类项目，尤其适用于设计前期阶段的负荷估算和对负荷计算结果的校核，便于确定供电方案、变压器容量和数量。有时和需用系数法配合使用。某建筑负荷计算案例如表2.2-1所示。

表 2.2-1 某建筑负荷计算案例

某建筑单体	建筑面积（m²）地上部分	地下部分	总计	机房面积（m²）或冷吨（TR）	建筑物高度（m）	平均用电负荷（W/m²）	功率因数	需要系数 K_x	电源负荷（kVA）	变压器单位指标（VA/m²）/（VA/TR）	用户10kV 选择变压器（kVA）	配置总装机容量（kVA）	变电所位置	自备发电机 电压等级（kV）	容量（kVA）	发电机房位置	估算一、二级负荷（含消防）和重要三级负荷（kVA）
酒店（6区及7区）	48099	0	48099		520	70	0.9	0.7	2619	66.5	4×800	3200	L95	10	2500	B1	1600
服务式酒店（5区）	41467	0	41467			60	0.9	0.7	1935	60.3	2×1250	2500	L65	10		B1	1250
办公（1~4区）	215000	0	215000			80	0.9	0.7	13378	74.4	16×1000	16000	L50 / L5,L20,L35	10 / 0.4	2000 / 1×2000+1×1250	B1 / B1	1800 / 3000
酒店裙房（地上）	10809	0	10809			120	0.9	0.8	1153	148.0	2×800	1600	B1	0.4	800	B1	800
商业(地下)-品牌集合店	0	975	975			130	0.9	0.8	113	243.5	2×1250	2500	B2	0.4	2250	B1	880
商业(地下)-美食广场	0	1605	1605			100	0.9	0.8	143								
商业(地下)-美食广场（厨房）	0	1013	1013			300	0.9	0.8	270								
商业(地下)-休闲餐饮	0	6674	6674			252.5	0.9	0.8	1498								
B1~B4停车场及机房（地下）	0	127233	127233			30	0.9	0.9	3817	35.4	2×1250+2×1000	4500	B2				1272
酒店、服务式酒店制冷系统 4×650 Ton（L65）				2600		1100	0.9	0.9	2860	1230.8	4×800	3200	L65	不适用	不适用	不适用	不适用
办公楼、商场、酒店裙房制冷系统-（10kV高压部分）（B3）				6000		700	0.9	0.9	4200	777.8	不适用	4200	B3	不适用	不适用	不适用	不适用
办公楼、商场、酒店裙房制冷系统-（低压部分）（B3）				1500		2300	0.9	0.9	3450	2666.7	2×2000	4000	B3	0.4	650	B1	
								同时系数 0.9		VA/m²							
地块总面积			452875					同时系数合计 0.9	31891	92.08	负荷总计 41700			合计 11550		11002

注：商业负荷密度一般由开发商和运营商提供。

2. 利用系数法

以平均负荷为基础，利用概率论分析出最大负荷与平均负荷的关系。利用系数法虽然有一定的理论根据，但因为需要确定的系数较多，计算步骤复杂，公式中的"最大系数"与"利用系数"的数据目前也较缺乏，因此，通常在民用建筑工程中多不采用这种计算方法。

3. 二项系数法

考虑用电设备数量和大容量设备对计算负荷的影响的经验公式。在一条干线上，当有多组性质不同的用电设备时，应根据其工作性质划分成几个用电设备组（一个组的用电设备性质相同）。所以负荷计算应先分单组计算，再进行多组的总计算。由于二项系数法不仅考虑了用电设备最大负荷时的平均功率，而且考虑了少数容量最大的设备投入运行时对总计算负荷的额外影响，所以，二项式法比较适合于确定设备台数较少而容量差别较大的低压干线和分支线的负荷计算。但是二项式的经验系数缺乏充分的理论依据，而且这些系数也多适于机械加工工业，在民用建筑工程中不常采用。

4. 需要系数法

需要系数法不考虑大容量设备最大负荷造成的负荷波动及用电设备的容量和台数，适用于确定总降压站计算负荷、分变电所计算负荷及负荷较稳定的干线计算负荷。在一条干线上连接性质不同的几组用电设备时，需在分组计算的基础上再进行多组的总负荷计算。由于超高层建筑负荷情况复杂，影响计算负荷的因素很多，同一用电设备组的负荷也不是一成不变的，因而负荷计算一定要根据设备的性能，实际设备运行情况，生产的组织以及能源供应的状况等多种因素综合考虑，适合根据实际应用条件，选取需要系数法进行计算。

2.2.2 需要系数法求计算负荷

超高层建筑在具体地进行用电负荷计算的时候，应该根据建筑的功能布局来具体地划分电气负载的种类，调整电气负荷计算系数。首先将负荷类型分成四类：照明、空调、动力、租户，对于空调动力类可以分成冷冻机组、水泵组、风机组，还可以根据功能模块分成冷冻机组、空调机组、循环泵组等；对于动力类可分为水泵组、风机组、电梯组、通信组多个部分。然后具体针对这些设备或负载的用电特点和分类方法进行负荷计算。常用的用电特点分类可分为保障性负荷、舒适型负荷、保安型负荷。

2.2.3 典型房间、场所用电指标

负荷密度及系数取值如表2.2-2所示。

表 2.2-2　负荷密度及系数取值参考表

建筑类别	有功负荷密度（W/m²）	视在功率密度（VA/m²）	系数 K	备 注
公寓	30 ~ 50	40 ~ 70	0.6 ~ 0.7	用电指标包含插座的容量在内
酒店	40 ~ 70	60 ~ 100	0.7 ~ 0.9	
办公	30 ~ 70	50 ~ 100	0.7 ~ 0.8	
商业	一般 40 ~ 80	60 ~ 120	0.85 ~ 0.95	

建筑类别	有功负荷密度（W/m²）	视在功率密度（VA/m²）	系数 K	备　注
商业	大中型 60 ~ 120	90 ~ 180	0.85 ~ 0.95	用电指标包含插座的容量在内
健身	40 ~ 70	60 ~ 100	0.65 ~ 0.75	
演艺	50 ~ 80	80 ~ 120	0.6 ~ 0.7	
医美	40 ~ 70	60 ~ 100	0.5 ~ 0.7	
教育	20 ~ 40	30 ~ 60	0.8 ~ 0.9	
展览	150 ~ 300	200 ~ 400	0.6 ~ 0.7	
餐饮	250 ~ 500	400 ~ 800	0.6 ~ 0.7	
汽车库	8 ~ 15	10 ~ 20	0.6 ~ 0.7	
机械车库	17 ~ 23	25 ~ 35	0.6 ~ 0.7	

2.2.4　物业管理公司的用电指标调研

1．商业及酒店单位面积用电负荷指标的收集

根据现有的一些主要项目进行用电资料进行收集，具体的数据如表2.2-3～表2.2-6所示。

表 2.2-3　负荷需求统计表

业态		净高(m)	进深(m)	单店面积(m²)	用电量(kW)	单位面积容量(W/m)
银行	最小要求	3	>8	200	20	100
	推荐要求	4	>15	300	40	133
时装店	最小要求	3	>8	80	15	187
	推荐要求	4	>15	120	30	250
服装主力店	最小要求	3	>20	800	150	187
	推荐要求	4	>30	1500	250	166
精品超市	最小要求	4	>15	1000	300	300
	推荐要求	5	>24	1500	500	333
其他零售	最小要求	3	>15	50	15	300
	推荐要求	4	>30	100	30	300
饮料甜点（无烤）	最小要求	3	>6	80	25	312
	推荐要求	4	>10	150	40	266
面包房	最小要求	3	>6	80	80	1000
	推荐要求	4	>10	150	150	1000
娱乐类（非饮食）	最小要求	3	>15	250	30	120
	推荐要求	4	>24	500	50	100
西式餐厅（含快餐）	最小要求	3	>8	300	180	600
	推荐要求	4	>15	500	250	500
特色中餐厅	最小要求	3	>8	400	100	250
	推荐要求	4	>15	600	150	250

业态		净高（m）	进深（m）	单店面积(m²)	用电量(kW)	单位面积容量（ W/m)
大中型餐厅	最小要求	3	>20	1200	250	208
	推荐要求	4	>30	1800	350	194
美食广场	最小要求	3	>20	1500	200	133
	推荐要求	4	>30	2000	300	150

表 2.2-4　负荷需求统计表

业态		店面数量 n	总面积（m²）	用电量（kW）	单位面积容量（W/m²）
特色食品	实际布置	10	463	150	323
精品超市	实际布置	1	1500	220	146
配套服务	实际布置	3	250	40	160
面包房、咖啡	实际布置	1	155	80	516
甜品、冰淇淋	实际布置	1	79	60	760
家居超市	实际布置	1	580	80	138
休闲小站	实际布置	3	200	100	500
形象设计	实际布置	1	93	50	537
个人护理	实际布置	1	327	50	153
主力店	实际布置	3	650	78	120
买卖店	实际布置	8	898	100	110
咖啡	实际布置	2	208	100	480
旗舰店	实际布置	5	952	116	121
休闲餐厅	实际布置	3	1621	380	235
商务餐厅	实际布置	1	1620	380	235
SPA	实际布置	2	530	110	208
美容美发	实际布置	1	265	50	188

表 2.2-5　初期物业提资的负荷需求统计表

业态		店面数量 n	总面积（m²）	用电量（kW）	单位面积容量（W/m²）
特色零售	业主需求	1	2500	180	72
品牌快餐	业主需求	3	3040	1890	621
银行	业主需求	1	485	60	123
休闲餐饮	业主需求	3	1895	1000	527
特色饮食	业主需求	2	2696	1250	463
生活配套	业主需求	1	480	120	250
主体游乐	业主需求	1	1500	250	166
儿童零售	业主需求	1	920	120	130
健身、KTV	业主需求	1	900	200	222
美容美发	业主需求	1	400	100	250

业态		店面数量 n	总面积（m²）	用电量（kW）	单位面积容量（W/m²）
特色饮料	业主需求	1	2500	250	100
大型餐饮	业主需求	1	1160	220	190

表 2.2-6 某酒店施工图提资的负荷需求统计表

业态		场所	总面积（m²）	用电量（kW）	单位面积容量（W/m²）
初加工	酒店需求	B1F	155	61	390
面包房	酒店需求	B1F	30.5	61	2000
员工厨房	酒店需求	B1F	60	77	1280
冷库	酒店需求	B1F	—	11	—
厨房、宴会厅	酒店需求	1F	350	283	808
备餐	酒店需求	2F	16	32	2000
厨房、咖啡厅	酒店需求	3F	150	264	1760
备餐、洗碗间	酒店需求	3F	25	77	3080
特色厨房	酒店需求	4F	150	71	470
洗衣机房	酒店需求	B1F	320	125	390

2. 裙房商业、中区酒店的单位面积设计负荷指标值的推荐

根据上述的收集资料，对商业及酒店的单位面积用电负荷进行统计，并提出设计建议值，具体的数据如表2.2-7、表2.2-8所示。

表 2.2-7 商业部分单位负荷密度设计推荐数值

业态	设计推荐值（W/m²）	业态	设计推荐值（W/m²）
银行	150	特色食品	300
邮政	150	其他零售	300
精品超市	300	生活配套	250
大型超市	200	饮料甜点（无烤）	300
时装店	250	面包房	1000
服装主力店	160	娱乐类（非饮食）	120
买卖店	120	西式餐厅（含快餐）	600
配套服务	160	特色中餐厅	250
旗舰店	120	大中型餐厅	200
家居超市	120	美食广场	150
休闲小站	500	咖啡	600
形象设计	300	甜品、冰淇淋	600
个人护理	150	休闲餐厅	250
SPA	150	商务餐厅	250
美容美发	250	电影院	500kW（100kW/家）

业态	设计推荐值（W/m²）	业态	设计推荐值（W/m²）
娱乐健身	120	溜冰场	600
儿童游乐	150	保龄球	16kW/道

注：以上数据不含空调用电。

表 2.2-8　酒店餐饮的单位负荷密度设计推荐数值

业态	设计推荐值（W/m²）	业态	设计推荐值（W/m²）
初加工	400	备餐	2000
面包房	2000	厨房、咖啡厅	1800
员工食堂（厨房）	1200	备餐、洗碗间	25kW
冷库	20kW	特色厨房	500
宴会厅、厨房	800	洗衣机房	400（125kW）

注：以上数据不含空调用电。

2.2.5　负荷指标调研

负荷指标调研例举如表2.2-9所示。

表 2.2-9　负荷指标调研例举

项目名称	建筑	地址	高度（m）	负荷指标（VA/m²）
天津津塔	办公	天津	337	110
张江中区 57 地块项目	综合建筑	上海	320	118
苏州国金 IFS	综合建筑	苏州	450	106
昆明春之眼	综合建筑	昆明	407	110
上海世茂皇家艾美酒店	酒店	上海	333	94
重庆江北嘴国际金融中心	综合建筑	重庆	456	73.6
智能电网科技研发交流中心	综合建筑	北京	280	96
天津周大福中心	综合建筑	天津	530	81
大连绿地中心	综合建筑	大连	518	107
南昌绿地高新项目	综合建筑	南昌	268	145
苏州中南中心	综合建筑	苏州市	500	93
东方之门	综合建筑	苏州	278	87
天津 117 大厦	综合建筑	天津	600	107
深圳坪山世茂	综合建筑	深圳	302	89
南京金融城	综合建筑	南京	406	100
张江 58 号地块	综合建筑	上海	330	103
上海白玉兰广场	综合建筑	上海	320	117
南京浦口绿地	综合建筑	南京	499	100
重庆塔	综合建筑	重庆	430	111

项目名称	建筑	地址	高度（m）	负荷指标（VA/m²）
吴江绿地	综合建筑	苏州	358	102
重庆俊豪	综合建筑	重庆	300	85
杭州绿地	综合建筑	杭州	300	96
深圳太子港	办公	深圳	380	110
济南绿地	综合建筑	济南	420	81
合肥恒大D地块	办公	合肥	300	84
恒大中心	办公	深圳	393	109
环球金融	综合建筑	上海	492	98
南京紫峰	综合建筑	南京	270	145
常州润华	办公	常州	308	92
天津富力响螺湾	综合建筑	天津	380	110
武汉世贸中心	办公	武汉	438	103
武汉绿地长江中心	综合建筑	武汉	636	147
合肥恒大C地块	综合建筑	合肥	518	113
成都绿地	综合建筑	成都		98.6
温州中心	综合建筑	温州	270	94.7
济南普利门	办公公寓	济南	310	121
南京金鹰	综合	南京	368	88

2.2.6 负荷计算案例分析

某超高层建筑地上建筑面积约15万m²，地下建筑面积约9万m²。地下4层，地上4层商业裙房高23.75m；塔楼57层，高302.15m。

根据超高层建筑的特点，本次负荷计算以讨论高区的变配电所负荷计算为例。

1. 确定单台负荷额定容量及组合设备额定容量

单台设备及组合设备主要包含以下内容：

（1）电气专业选择的普通照明负荷、消防应急照明负荷、消防报警设备负荷、网络通信设备、安防设备负荷等。

（2）暖通专业提资的空调机组及水泵、冷却塔等负荷，各类普通风机负荷等；给排水专业提资的电热水器负荷、生活水泵负荷等；幕墙专项设计提资的外幕墙泛光照明负荷；建筑专业提资的电梯负荷、擦窗机负荷、标识负荷等。

（3）消防风机负荷、消防水泵负荷、消防电梯负荷等。

（4）业主或运营方提供的租户预留负荷，以及工艺设备用电。

2. 配电箱负荷统计照明部分计算原则

如果三相平衡，按照装机容量取值。如果三相不平衡，按照最大相三倍装机容量取值。电力部分计算原则：根据水暖提资，三相负荷按照装机容量取值，对风机盘管以及单相电热水器配电，根据照明负荷部分计算原则取值。

3. 变压器及配电系统计算

根据有功计算负荷P_{30}，可以按照下式求出其余的计算负荷。

无功计算负荷 $Q_{30}=P_{30}\tan\varphi$

视在计算负荷 $S_{30}=P_{30}/\cos\varphi$

计算电流 $I_{30}=S_{30}/\sqrt{3}U_{N}$

式中：$\tan\varphi$——对应于用电设备组$\cos\varphi$的正切值；

$\quad\quad\quad\cos\varphi$——用电设备组的平均功率因数；

$\quad\quad\quad U_{N}$——用电设备组的电压。

如果只有一台三相电动机，其计算电流就取其额定电流。

$$I_{30}=I_{N}=P_{N}/\sqrt{3}U_{N}\cdot\cos\varphi\cdot\eta$$

以某项目高区办公变压器负荷计算书为例，见表2.2-10。

表2.2-10 某项目高区办公变压器负荷计算书

设备组名称	容量计算P_n（kW）	利用系数$K.C$	$\cos\varphi$	$\tan\varphi$	计算容量有效值P（kW）	计算容量无效值Q（kvar）	视在容量值S（kVA）	计算电流（A）
Ⅰ								
空中大堂	16.00	0.70	0.85	0.62	11.20	6.94	13.2	20.0
办公区域（L39～LRF）	762.60	0.70	0.85	0.62	533.82	330.83	628.0	954.2
Ⅱ								
高区通风	10.00	0.70	0.80	0.75	7.00	5.25	8.8	13.3
Ⅲ								
L39风冷多联机室外机	197.0	0.70	0.80	0.75	137.90	103.43	172.4	261.9
预留其他	150.0	0.80	0.80	0.75	120.00	90.00	150.0	227.9
总计	1135.60	0.71	0.83	0.66	809.92	536.45	971.5	1476.03
乘同时系数0.8					647.94	429.16		
功率因数补偿至0.9时			0.92	0.43	647.94	276.02		
自动补偿						300.00		
变压器负荷计算	1135.6		0.98	0.20	647.94	129.16	660.7	1003.83
变压器负荷率	75%							
变压器容量	800							

4. 应急电源系统计算

火灾有可能发生在正常电源供电的时候，也有可能发生在柴油发电机等备用电源供电的时候。一般而言，建筑物的消防负荷包含：①所有消防电梯负荷；②消防应急照明负荷；③防火分区或楼层的最大消防负荷；④消防泵喷淋泵等；⑤消防情况下其他需要持续工作的用电设备。

每一组变压器的任何一台，应考虑所有一级负荷、二级负荷及本变压器自带的三级负荷，并校验变压器在强制风冷的条件下过载能力是否满足30%持续4h的要求。

当消防负荷计算量确定之后，以某工程为例，选择参照表2.2-11选择。

表 2.2-11　某工程数据

基本参数	外界气压、温度、湿度的校正系数 B	0.9	地区一般 0.9
	发电机所带消防负荷计算功率 P_Σ（kW）	1575	设计计算得出
按稳定负荷计算发电机的容量	发电机所带负荷综合效率 η_Σ	0.85	一般 0.82 ~ 0.88
	发电机额定功率因数 $\cos\varphi$	0.8	一般取 0.8
	按稳定负荷计算发电机的容量（kVA）$S_{C1}=P_\Sigma/（\eta_\Sigma \cdot \cos\varphi \cdot B）$	2573.53	
按尖峰负荷计算发电机容量	尖峰负荷造成的电压、频率降低而导致的电动机功率下降系数 K_j	0.95	一般 0.9 ~ 0.95
	发电机允许短时过载系数 K_G	1.5	一般 1.4 ~ 1.6
	发电机所带负荷最大电动机的额定功率 P_{max}（kW）	137	工程确定
	发电机所带负荷最大电动机的额定电流 I_n（A）$=P_{max}/（\sqrt{3}\,U_N \cdot \cos\varphi）$	260.19	
	最大电动机启动方式	星三角	设计决定
	启动电压与额定电压比值	0.58	查询《启动倍数查询表》
	最大电动机的起动倍数 K	2.3	查询《启动倍数查询表》
	最大电动机的起动电流 I_{st}（A）$I_{st}=K \times I_n$	601.03	
	最大电动机的启动时的尖峰电流（A）$I_{jf}=I_{st}+I_c$ I_c 为除最大电机外的其他负荷的电流	340.85	
	最大电动机的启动时的最大启动容量 S_m（kVA）	224.34	
	按尖峰负荷计算发电机容量（kVA）$S_{C2}=（K_j/K_G）\times S_m/B$	157.87	
按发电机母线允许电压降计算发电机容量	发电机的暂态电抗 $X_d{}'$	0.2	一般取 0.2
	母线允许的瞬时的电压降 ΔU	0.2	一般取 0.2
	导致发电机最大电压降的电动机的启动容量（kVA）$S_{st\Delta}=\sqrt{3}\times U \times I_{st}$	395.59	
	按发电机母线允许电压降计算发电机容量（kVA）$S_{C3}=[（1-\Delta U）/\Delta U]\times X_d{}'\times S_{st\Delta}/B$	351.63	
结论	应选发电机容量 S_e	2500.00	
	实际选择发电机容量及参数 P（kVA）	2500	

2.3　供电电源

超高层建筑常用的供电电源可以分为两类：市政电源和分布式能源。现阶段，市政电源是超高层供电的主要方式，分布式电源主要起辅助作用。对供电系统可靠性而言，需保证项目的供电可靠度、故障率、平均寿命等。

2.3.1　电源系统可靠性的相关计算

可靠度：系统可靠性表示系统在规定的条件下和规定的时间内完成规定功能的能

力。系统在规定的条件下和规定的时间内，完成规定功能的概率称为系统可靠度，一般记为$R(t)$。

故障率：系统工作到时刻t尚未失效的系统，在时刻t后的单位时间内发生失效的概率，称为系统在时刻t的故障率（或失效率），也成为失效率函数，记为$\lambda(t)$，当失效率为常数时，有$R(t)=e^{-\lambda t}$。

平均寿命：顾名思义就是寿命的平均数，即随机变量寿命的期望值，通常记为θ。当故障率$\lambda(t)=\lambda$为常数时，$R(t)=e^{-\lambda t}$，且$\theta=\bar{t}=\int_0^\infty e^{-\lambda t}\mathrm{d}t$。对于可修复系统，系统的寿命是指两次相邻故障之间的工作时间，而不是指整个系统的报废时间。

【案例实践】表2.3-1为某地10kV进线的可靠性指标，依据这些指标可以做2路10kV进线，及2路10kV+柴油机的电源系统可靠性进行计算。

表2.3-1　某地10kV进线的可靠性指标

单位	供电可靠性（%）		平均停电时间（h/户）	
	记入限电	不记入限电	记入限电	不记入限电
某电力公司	99.973	99.973	2.324	2.324

根据平均停电时间为2.324h·户$^{-1}$可以求得一路10kV线路供电的故障率$\lambda=\dfrac{2.324}{365\times24}$ $=2.652968\times10^{-4}$/h（一年按365×24h计算），假定一路10kV供电可靠性服从参数为λ的指数分布，则一路10kV线路工作1h的可靠度为$R_1(t=1)=e^{-\lambda t}=99.97347\%$，该数值与表2.3-1中数据吻合，可以认为指数分布的假设符合实际情况。系统平均寿命$\theta=\dfrac{1}{\lambda}=$ 3769.32h。

当采用2路10kV进线时，系统工作1h的可靠度、故障率和平均寿命计算如下（取$t=1$，$\lambda=2.653\times10^{-4}$/h）：

系统可靠度$R_S(t)=1-(1-e^{-\lambda t})^2=2e^{-\lambda t}-e^{-2\lambda t}=1-2.7\times10^{-4}=0.999999929$

$R_S'(t)=-2\lambda e^{-\lambda t}+2\lambda e^{-2\lambda t}$

故障率$\lambda_S=-\dfrac{R'(t)}{R(t)}=\dfrac{2\lambda e^{-\lambda t}-2\lambda e^{-2\lambda t}}{2e^{-\lambda t}-e^{-2\lambda t}}=\dfrac{2\lambda-2\lambda e^{-2\lambda t}}{2-e^{-\lambda t}}=1.41\times10^{-7}$/h

平均寿命$\theta=\int_0^\infty R(t)\mathrm{d}t=\dfrac{2}{\lambda}-\dfrac{1}{2\lambda}=5653.98$h

对于除两路市电外还设置了柴油发电机的情况下，如果假设柴油发电机供电可靠性等同于市电，用上述同样的方法计算可以求得系统的各个可靠性指标，如表2.3-2所示。

表2.3-2　各种供电电源情况下的系统可靠性指标

	可靠度（%）	故障率（次/h）	平均寿命（h）
一路10kV进线	$1-2.7\times10^{-4}$	2.652968×10^{-4}	3769.32
两路10kV进线	$1-7.1\times10^{-8}$	1.41×10^{-7}	5653.98
两路10kV进线+柴发	$1-1.86\times10^{-11}$	5.6×10^{-11}	6910.5

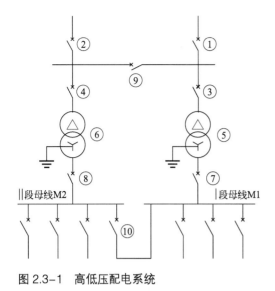

图 2.3-1 高低压配电系统

通过上述结果可以看出，增加供电电源数量可以提高系统的可靠性，然而电源也不是越多越好，过多电源会造成系统过于复杂和投资成本的上升，而两路10kV加柴油发电机的电源组合可靠性计算结果是能满足实际使用要求的。

上述计算仅是针对电源系统的，未考虑配电线路的影响。如果为了对10kV至380V供配电系统的可靠性进行计算需要引入最小通路法。对图2.3-1所示的高低压配电系统，采用最小通路法进行可靠性计算。

首先，对供配电系统中主要元件进行编号，分别编为1~10，为计算方便，假设各个元件正常工作的概率均为0.99。按最小通路法将图2.3-1抽象为图2.3-2所示的可靠性框图，选择I为输入节点、M1（或M2）为输出节点，可以计算"M1（M2）有输出"事件S_1（S_2）的概率。根据对称性，显然此时$P(S_1)=P(S_2)$，计算$P(S_1)$的步骤如下：

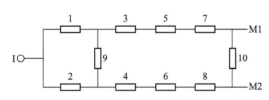

图 2.3-2 可靠性框图 1

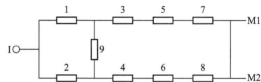

图 2.3-3 可靠性框图 2

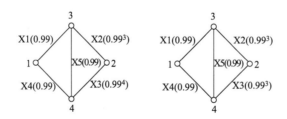

图 2.3-4 网络系统图 1　图 2.3-5 网络系统图 2

首先，将图2.3-2转换为图2.3-4所示桥型网络系统图，该图中各弧的可靠度分别为$P_1=P_4=P_5=0.99$，$P_2=0.99^3$，$P_3=0.99^4$，该系统共有4个最小通路$T_1\{x_1, x_2\}$、$T_2\{x_1, x_5, x_3\}$、$T_3\{x_4, x_5, x_2\}$、$T_4\{x_4, x_3\}$，各个最小通路的可靠度分别为：

$P(T_1)=P_1P_2=0.99^4$

$P(T_2)=P_1P_5P_3=0.99^6$

$P(T_3)=P_4P_5P_2=0.99^5$

$P(T_4)=P_4P_3=0.99^5$

且$P(T_1T_2)=P_1P_2P_3P_5=0.99^9$

$P(T_1T_3)=P_1P_2P_4P_5=0.99^6$

超高层建筑电气设计关键技术研究与实践

$P（T_1T_4）=P_1P_2P_3P_4=0.99^9$

$P（T_2T_3）=P_1P_2P_3P_4P_5=0.99^{10}$

$P（T_2T_4）=P_1P_3P_4P_5=0.99^7$

$P（T_3T_4）=P_2P_3P_4P_5=0.99^9$

$P（T_1T_2T_3）=P（T_1T_2T_4）=P（T_1T_3T_4）=P（T_2T_3T_4）=P（T_1T_2T_3T_4）=P_1P_2P_3P_4P_5=0.99^{10}$

从而得到：

$P（S_1）=P（T_1）+P（T_2）+P（T_3）+P（T_4）$

$-P（T_1T_2）-P（T_1T_3）-P（T_1T_4）-P（T_2T_3）-P（T_2T_4）-P（T_3T_4）$

$+P（T_1T_2T_3）+P（T_1T_2T_4）+P（T_1T_3T_4）+P（T_2T_3T_4）-P（T_1T_2T_3T_4）$

$=0.99872316459697$

接下来，求解M1、M2同时有输出的概率。采用全概率分解的方法进行计算，分三种情况进行分析，情形A当部件10正常时；情形B部件10故障，同时部件9正常；情形C部件10故障，同时部件9故障。

在第一种情况时，图2.3-2可靠性框图转化为图2.3-3所示可靠性框图，进一步可以求得该系统的桥型网络系统图（见图2.3-5），图2.3-5中各弧的可靠度分别为 $P_1=P_4=P_5=0.99$，$P_2=P_3=0.99^3$，同样采用上述的最小通路法进线计算，该系统共有4个最小通路 $T_1\{x_1, x_2\}$、$T_2\{x_1, x_5, x_3\}$、$T_3\{x_4, x_5, x_2\}$、$T_4\{x_4, x_3\}$，各个最小通路的可靠度分别为：

$P（T_1）=P_1P_2=0.99^4$

$P（T_2）=P_1P_5P_3=0.99^5$

$P（T_3）=P_4P_5P_2=0.99^5$

$P（T_4）=P_4P_3=0.99^4$

且 $P（T_1T_2）=P_1P_2P_3P_5=0.99^8$

$P（T_1T_3）=P_1P_2P_4P_5=0.99^6$

$P（T_1T_4）=P_1P_2P_3P_4=0.99^8$

$P（T_2T_3）=P_1P_2P_3P_4P_5=0.99^9$

$P（T_2T_4）=P_1P_3P_4P_5=0.99^6$

$P（T_3T_4）=P_2P_3P_4P_5=0.99^8$

$P（T_1T_2T_3）=P（T_1T_2T_4）=P（T_1T_3T_4）=P（T_2T_3T_4）=P（T_1T_2T_3T_4）=P_1P_2P_3P_4P_5=0.99^9$

从而得到：

$R_A=P（T_1）+P（T_2）+P（T_3）+P（T_4）$

$-P（T_1T_2）-P（T_1T_3）-P（T_1T_4）-P（T_2T_3）-P（T_2T_4）-P（T_3T_4）$

$+P（T_1T_2T_3）+P（T_1T_2T_4）+P（T_1T_3T_4）+P（T_2T_3T_4）-P（T_1T_2T_3T_4）$

$=0.999012232681521$

在情形B时，部件10故障同时部件9正常，系统变为部件1、2并联，然后与部件3、4、5、6、7、8串联，此时，可靠度 $R_B=[1-（1-0.99）^2]×0.99^6=0.94138600138606$。

在情形C时，部件10故障，同时部件9故障，系统变为部件1、2、3、5、7、4、6、8串联，此时 $R_C=0.99^8=0.92274469442792$。

因此，"M1和M2同时有输出"事件$S_1 \cap S_2$的概率为：

$P(S_1 \cap S_2) = 0.99R_A + 0.01 \times (0.99R_B + 0.01R_C) = 0.998434106237871$

"M1或M2至少1个有输出"事件表示为$S_1 \cup S_2$，则：

$P(S_1 \cup S_2) = P(S_1) + P(S_2) - P(S_1 \cap S_2) = 0.999012232681522$ [此时$P(S_1) = P(S_2)$]

所以，380V低压母排有电的概率为0.99901223268152。

上述仅介绍了一种网络系统可靠性的计算方法，该计算方法可以用于一般供配电系统的可靠性分析，对于需要高可靠性供电项目的分析及系统搭建具有很大的参考价值。

2.3.2 电源选择

1. 市政电源

根据国家能源局披露的数据：2018年，全国52个主要城市用户数占全国总用户数的34.07%，用户用电总容量占全国用户用电总容量的49.04%。其所属用户平均停电时间为8.44 h/户，比全国平均值低7.31h/户；其所属用户平均停电频率1.84次/户，比全国平均值低1.44次/户。全国52个主要城市中，佛山、厦门、深圳的用户平均停电时间低于3 h/户，拉萨、长春、沈阳、徐州、成都的用户平均停电时间超过15 h/户；北京、上海所属城市用户平均停电时间低于1 h/户，拉萨、呼和浩特、徐州、海口所属城市用户平均停电时间超过5 h/户；佛山、东莞、上海、厦门所属农村用户平均停电时间低于5 h/户，拉萨、西宁等7市所属农村用户平均停电时间超过20 h/户。

全国52个主要城市中，有14个城市的用户平均停电频率同比减少超过10%；22个城市的用户平均停电频率波动超过15%，其中，厦门、东莞、上海的用户平均停电频率同比分别减少35.41%、33.47%、32.53%，郑州、合肥、拉萨的用户平均停电频率同比分别增加61.45%、52.97%、52.31%。

2018年，全国14个特大及以上城市供供电可靠率均达到99.95%以上，说明市政供电具有高可靠性。各城市的平均供电可靠率如表2.3-3所示。

表2.3-3 各城市的平均供电可靠率

城市	北京	上海	深圳	广州	杭州	青岛	南京
供电可靠率（%）	99.993	99.991	99.989	99.989	99.987	99.984	99.982
城市	沈阳	武汉	天津	郑州	成都	重庆	西安
供电可靠率（%）	99.975	99.974	99.974	99.973	99.963	99.959	99.956

2. 分布式电源

随着经济及科学技术的发展，城市民用建筑正向着功能综合化、体量巨型化的方向发展，无论在经济还是安全方面，建筑物的能源供应体系正变得日趋重要。以城市燃气、太阳能、风能为基础能源的分布式发电系统具有与大电网互补，提高建筑能源供应的抗风险能力，因此，近年来，分布式发电系统在建筑物中的应用，有了较大的发展。

分布式电源通常接入中压或低压配电系统，并会对配电系统产生广泛而深远的影响。传统的配电系统被设计成仅具有分配电能到末端用户的功能，而未来配电系统有望演变成一种功率交换媒介，即它能收集电能并把它们传送到任何地方，同时分配它们。

因此，将来它可能不是一个"配电系统"，而是一个"电力交换系统"。分布式发电具有分散、随机变动等特点，大量的分布式电源的接入，将对配电系统的安全稳定运行产生极大的影响。同时，分布式发电又有助于促进能源的可持续发展、可以改善环境并提高绿色能源的竞争力。

在确保电网和分布式电源安全运行的前提下，综合考虑项目分布式电源机组容量和远期规划等因素，合理确定接入电压等级和接入点。对于单个并网点，接入的电压等级应按照安全性、灵活性、经济性的原则，根据分布式电源容量、导线载流量、上级变压器及线路可接纳能力、地区配电网情况综合比选后确定。分布式电源并网电压等级根据装机容量进行初步选择的参考标准如下：8kW以下可接入220V；8～600kW可接入380V；600kW～6MW可接入10kV。最终并网电压等级应综合参考有关标准和电网实际条件确定。

接入系统如图2.3-6所示，涉及的相关概念有：

（1）专线接入：是指分布式电源接入点处设置分布式电源专用的开关设备（间隔），如分布式电源直接接入变电站、开闭站、配电室母线，或环网柜等方式。

（2）T接：是指分布式电源接入点处未设置专用的开关设备（间隔），如分布式电源直接接入架空或电缆线路方式。

（3）并网点：对于有升压站的分布式电源，并网点为分布式电源升压站高压侧母线或节点；对于无升压站的分布式电源，并网点为分布式电源的输出汇总点。A1、B1、C1点分别为分布式电源A、B、C的并网点。

（4）接入点：是指分布式电源接入电网的连接处，该电网既可能是公共电网，也可能是用户电网。A2、B2、C2点分别为分布式电源A、B、C的接入点。

（5）公共连接点：是指用户系统（发电或用电）接入公用电网的连接处。如C2、D点均为公共连接点。C2点既是分布式电源接入点，又是公共连接点，A2、B2点不是公共连接点。

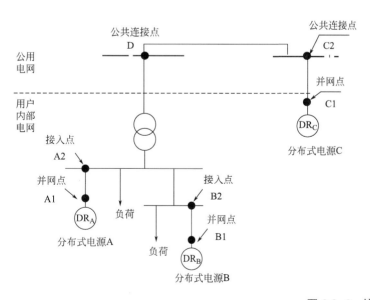

图2.3-6 接入系统示意图

3. 燃气内燃机组

燃气内燃机组比较传统的供能系统有如下优势：①节能减排；②对电网具有调峰作用，能够减小电网峰谷差；③可以布置在建筑物的地下室和屋顶，有利于节约城市土地资源；④提高可靠性，燃气和市电互备；⑤夏季能够协调天然气和电力的平衡供应，降低冬夏两季燃气供应的峰谷差。因此燃气内燃机组在一些超高层项目中也获得的应用，图2.3-7所示为典型的主接线形式。

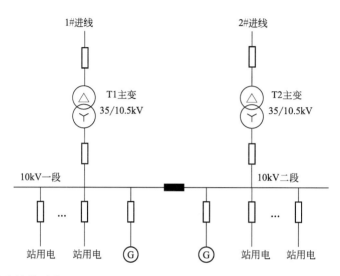

图2.3-7 典型的主接线形式

为了能够向负荷提供可靠的电力，由燃机发电系统引起的各项电能质量指标应符合相关标准的规定。

1）电压偏差

接入电网后，公共连接点的电压偏差应满足《电能质量 供电电压偏差》GB/T 12325—2008的规定，10kV三相供电电压偏差为标称电压的±7%。

2）电压波动

接入电网后，公共连接点的电压波动应满足《电能质量 电压波动和闪变》GB/T 12326—2008的规定。其频度可以按照1＜r≤10（每小时变动的次数在10次以内）考虑，因此燃机电站接入引起的公共连接点电压变动最大不得超过3%。

3）频率异常时的响应特性

分布式燃机应具备一定的耐受系统频率异常的能力，应能够在表2.3-4规定的频率偏离下运行。

表2.3-4 频率范围及要求

频率范围	要求
$f < 48Hz$	变流器类型分布式电源根据变流器允许运行的最低频率或电网调度机构要求而定；同步发动机类型、异步发动机类型分布式电源每次运行时间一般不少于60s，有特殊要求时，可在满足电网安丘稳定运行的前提下做适当调整

频率范围	要求
48Hz≤*f*＜49.5Hz	每次低于49.5Hz时要求至少运行10min
49.5Hz≤*f*≤50.2Hz	连续运行
50.2Hz＜*f*≤50.5Hz	频率高于50.2Hz时，分布式电源应具备降低有功输出能力，实际运行可由电网调度机构决定；此时不允许处于停运状态的分布式电源并入电网
f＞50.5Hz	立刻中止向电网线路送电，且不允许处于停机状态的分布式电源并网

4）孤岛运行

燃机电站直接并网，当发电设备与负荷匹配（或通过能量管理系统实现匹配）时，发生外部电网故障，电网及发电设备在保证电力系统安全的前提下，维持分布式电源正常供电，形成孤岛运行，以减少停电面积，提高供电可靠性。

4. 常备用电源选择

根据上述电源的可靠性分析及电源的特点，市政供电电源因具有高可靠性，供电容量大等特点，目前在超高层建筑中作为主供方式存在，同时辅助以分布式电源，并配置应急发电机等电源作为后备。

2.3.3 10kV柴油发电机组方案研究

《民用建筑电气设计标准》GB 51348—2019规定了当供电距离超过300m且采取增大线路截面经济性较差时，柴油发电机组宜采用10kV电压等级。同时该标准提及额定电压为230V/400V的机组并机后总容量不宜超过3000kW。在一些超高层建筑中，如环球金融中心、南京金鹰、武汉中心、上海银行、石家庄勒泰中心等项目中均采用中压柴油发电机。图2.3-8所示某超高层项目的中压柴油发电机供电方案。

2.3.4 谐波预防与治理

超高层项目中，影响电压波形质量的主要矛盾是非线性用电设备，也就是说非线性用电设备是主要的谐波源，非线性用电设备主要有以下几类：交流整流再逆变用电设备，如变频调速、变频空调等；开关电源设备，如LED照明、大屏、计算机、电子整流器等。

1. 谐波对供电系统的危害

谐波对供电系统的危害：①谐波会增加设备的铜耗、铁耗和介质损耗进而加剧热应力，从而运行中需要降低设备的额定出力；②谐波还会使电压峰值增大，可能把电缆绝缘击穿；③谐波还会引起负载设备损坏，或缩短设备寿命；④谐波可能引起开关设备意外跳闸；⑤谐波可能导致零地电位差的升高，中性线路截面放大。

2. 谐波治理措施

谐波治理措施：①选用Dyn11联结组别的配电变压器；②在配电干线靠近谐波源处设置有源滤波装置；③对谐波源较多的配电干线，可另外设置无源或有源滤波装置，当采用无源滤波装置时，应采取措施防止发生系统谐振；④功率因数补偿电容器组可按其连接点的谐波特征频率配置电抗器。

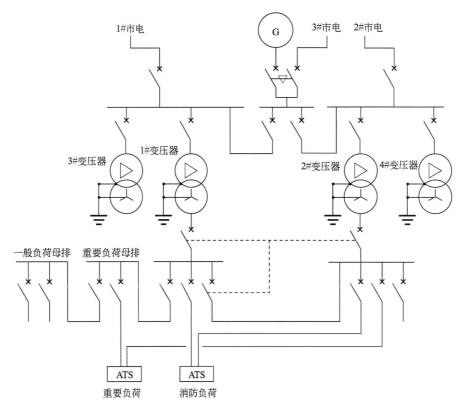

图 2.3-8 某超高层项目的中压柴油发电机供电方案

2.4 高低压供配电系统

2.4.1 高压配电方式研究

超高层建筑一旦发生火灾等重大突发事故，其外部救援几乎不可能实现，主要依靠建筑内的消防设施进行自救。

如上海地区《民用建筑电气防火设计规程》DGJ 08-2048—2016规定，建筑高度大于250m的公共建筑消防用电除应按一级负荷供电外，还应设置自备发电机组或第三重市电作为消防用电设备的应急电源；建筑高度大于100m的公共建筑消防用电除应按一级负荷供电外，宜设置自备发电机组或第三重市电作为消防用电设备的应急电源。

同样的，《建筑高度大于250m民用建筑防火设计加强性技术要求》公安部公消〔2018〕57号中规定："消防用电应按一级负荷中特别重要的负荷供电。应急电源应采用柴油发电机组，柴油发电机组的消防供电回路应采用专用线路连接至专用母线段，连续供电时间不应小于3.0h。"

由此可见，建筑高度在100～250m的超高层建筑，消防用电设备为一级负荷。建筑高度在250m以上超高层建筑的消防用电设备应为一级负荷中的特别重要负荷。超高层建筑的供电电源至少应保证双重电源，具体应根据当地供电电网的现状和它的发展规划以及经济合理等因素综合考虑。

采用几路高压电源，每个地区均有相关的规定，如上海地区35kV系统，每路电源用户受电设备容量20000kVA，10kV系统每路电源用户受电设备容量4000kVA，但有的地区10kV系统，每路电源用户受电设备容量可达到8000kVA甚至更高，这就需要根据不同地区的供电条件设计不同的供电方案，超高层建筑采用双重电源或三重电源来保障供电可靠性是有必要的。

超高层的高压配电主接线应根据功能区段和避难区段分别设置上楼变电所，并深入负荷中心，采用总分结构的两级配电系统，放射式供电。同时还需考量业态情况、租售情况和运维情况，分别设置高低压配电系统。

超高层建筑的低压配电系统应根据各类用电负荷等级，按规范合理选择低压配电回路接线方案。同时还应考虑到超高层特殊的位移振动和避难区段情况对线路的影响。250m以上的超高层塔楼核心筒内宜设置两处低压配电管井，消防用电应采用双路由供电方式，其供配电干线应设置在有2个防火物理隔离空间内。

超高层建筑变压器容量指标与建筑功能、建筑面积、建筑高度、附属功能等因素有关。通常在变压器容量指标统计时，按以下取值：公建：90～120VA/m^2；住宅：50～80VA/m^2。

此外，《城市电力规划规范》GB/T 50293—2014中也明确提出，当采用单位建筑面积负荷密度指标法时，其规划单位建筑面积负荷指标宜按表2.4-1给出的规定值。

表2.4-1 规划单位建筑面积负荷指标

建筑类别	单位建筑面积负荷指标（W/m^2）
居住建筑	30 ~ 70 或 4 ~ 16（kW/户）
公共建筑	40 ~ 150
仓储物流建筑	15 ~ 50
市政设施建筑	20 ~ 50

2. 民用建筑供电电压等级

超高层民用建筑供电电压有110kV、35kV、20kV、10kV；全国大多数地区，民用建筑的供电电压等级以10kV为主。

3. 市政电压等级的供电容量及用户供电电压等级的确定

市政电压等级的供电容量及用户供电电压等级的确定如表2.4-2所示。

表2.4-2 市政电压等级的供电容量及用户供电电压等级的确定

市政电压等级的供电容量		用户供电电压等级确定	
电压等级	供电容量（MVA）	用户申请容量（kVA）	拟定供电电压等级（kV）
110kV	40 ~ 100	40000 以上	110
35kV	12 ~ 40	8000 ~ 40000	35
20kV	16 ~ 30	250 ~ 24000	20
10kV	0.8 ~ 16	3000	10

025
第 2 章　供配电系统

4. 单路10kV电源的供电容量限值

当10kV变电所（开关站）配出回路采用630A开关配合3×400高压电力电缆（载流量589A）时，计算可得每路10kV回路计算荷载能力在10000kVA左右。但各地供电部门有不同的规定，一般线路受电变压器总量控制在7000～8000kVA，10kV专线的供电能力由当地电业确定。

一般情况下，每路10kV电源最多带载8000kVA受电变压器，每路10kV电源最多带载12000kVA用电负荷；每路20kV电源最多带载16000kVA受电变压器，每路20kV电源最多带载24000kVA用电负荷。

5. 重要电力用户及其供电电源配置

根据供电可靠性的要求以及供电中断的危害程度，重要电力用户可分为特级、一级、二级重要电力用户和临时性重要电力用户；而重要用户的供电应满足《重要电力用户供电电源及自备应急电源配置技术规范》GB/T 29328—2018的要求。

（1）特级重要电力用户，是指在管理国家事务中具有特别重要的作用，供电中断将可能危害国家安全的电力用户。

（2）一级重要电力用户，是指供电中断将可能产生下列后果之一的电力用户：①直接引发人身伤亡的；②造成严重环境污染的；③发生中毒、爆炸或火灾的；④造成重大政治影响的；⑤造成重大经济损失的；⑥造成较大范围社会公共秩序严重混乱的。

（3）重要电力用户供电电源配置技术要求：

① 特级重要电力用户具备三路电源供电条件，其中的两路电源应当来自两个不同的变电站，当任何两路电源发生故障时，第三路电源能保证独立正常供电。

② 一级重要电力用户具备两路电源供电条件，两路电源应当来自两个不同的变电站，当一路电源发生故障时，另一路电源能保证独立正常供电。

③ 二级重要电力用户具备双回路供电条件，供电电源可以来自同一个变电站的不同母线段。

④ 重要电力用户的供电电源应采用多电源、双电源或双回路供电。当任何一路或一路以上电源发生故障时，至少仍有一路电源能对保安负荷供电。

⑤ 重要电力用户供电电源的切换时间和切换方式应满足重要电力用户保安负荷允许断电时间的要求。切换时间不能满足保安负荷允许断电时间要求的，重要电力用户应自行采取技术措施解决。

6. 双电源与多电源、双重电源的含义

《重要电力用户供电电源及自备应急电源配置技术规范》GB/T 29328—2018中，重点阐述了双电源与多电源的含义：

（1）双电源：为同一用户负荷供电的两回供电线路，两回供电线路可以分别来自两个不同变电站，或来自不同电源进线的同一变电站内两段母线。

（2）多电源：为同一用户负荷供电的两回以上供电线路，至少有两回供电线路分别来自两个不同变电站。

7. 用电负荷允许断电时间

《重要电力用户供电电源及自备应急电源配置技术规范》GB/T 29328—2018中定义保安负荷用于保障用电场所人身与财产安全所需的电力负荷。断电后会造成下列后果之一的，为保安负荷：

（1）直接引发人身伤亡的。

（2）使有毒、有害物溢出，造成环境大面积污染的。

（3）将引起爆炸或火灾的。

（4）将引起较大范围社会秩序混乱或在政治上产生产重影响的。

（5）将造成重大生产设备损坏或引起重大直接经济损失的。

重要电力用户供电电源的切换时间和切换方式应满足重要电力用户保安负荷允许断电时间的要求。切换时间不能满足保安负荷允许断电时间要求的，重要电力用户应自行采取技术措施解决。

根据《重要电力用户供电电源及自备应急电源配置技术规范》GB/T 29328—2018规定，允许断电时间的技术措施：

（1）保安负荷允许断电时间为毫秒级的，应选用满足相应技术条件的静态储能不间断电源或动态储能不间断电源，且采用在线运行方式。

（2）保安负荷允许断电时间为秒级的，应选用满足相应技术条件的静态储能电源、快速自动启动发电机组等电源，且具有自动切换功能。

（3）保安负荷允许断电时间为分钟级的，应选用满足相应技术条件的发电机组等电源，可采用自动切换装置，也可以手动的方式进行切换。

工程设计中，对于特别重要负荷应仔细研究，尽量不随意扩大特别重要负荷的负荷量。设备的供电电源的切换时间，应满足设备允许中断供电的要求。

（1）允许中断供电时间为15s以上的供电，可选用快速自启动的发电机组。

（2）自投装置的动作时间能满足允许中断供电时间的，可选用带有自动投入装置的独立于正常电源之外的专用馈电线路。

（3）允许中断供电时间为毫秒级的供电，可选用蓄电池静止型不间断供电装置或柴油机不间断供电装置。

《民用建筑电气设计标准》GB 51348—2019规定：同时供电的双重电源供配电系统中，其中一个回路中断供电时，其余线路应能满足全部一级负荷及二级负荷的供电要求。一级负荷中含有特别重要负荷；或当双重电源中的一路为冷备用，且不能满足消防电源允许中断供电时间的要求时，应设置自备电源。

8. 冷备用和热备用

（1）冷备用状态：指连接该设备的各侧均无安全措施，且均有明显断开点或可判断的断开点。线路冷备用指线路两侧刀闸拉开，有串补的线路串补装置应在热备用以下状态。

（2）热备用状态：指设备开关断开（不包括带串补装置的线路和串补装置），而刀闸仍在合上位置。此状态下如无特殊要求，设备保护均应在运行状态。带串补装置的线路，线路刀闸在合闸位置或串补装置在运行状态。其他状态同上。

电源的冷热备用可以通过表2.4-3进行比较。

表 2.4-3　电源的冷热备用

备用方式	冷备用	热备用
安全措施	电源线路两侧刀闸拉开,并形成明显的断点	线路刀闸在合闸位置
送电情况	不送电到用户	送电到用户但不接负荷
备用投入时间	长	短
供电连续性	差	好
经济性	好	差

因此,热备用具有较好的供电连续性,但经济性较差。当采用冷备用时,对中断供电时间要求比较高,如数据中心、医疗急救设备、部分消防负荷等,冷备用有可能不满足要求。此时,应根据实际情况,设置自备应急电源。

9. 高压供电方案

高压供电宜采用同级电压,常见的供电方式一般有以下几种:

(1)2路电源,同时使用,互为备用;一用一备,热备用和冷备用。

(2)2n路电源,n组,每组2路电源同时使用,互为备用。

(3)3路电源,同时使用,互为备用。

(4)3路电源,两用一备,第3路电源热备用和冷备用。

10. 高压配电主接线

高压配电系统需符合以下设计原则:

(1)深入负荷中心:根据设备避难层及其负荷容量和分布,配变电所应靠近这部分的用电负荷中心,高压供电线路宜深入负荷中心。对负荷较大的超高层建筑分散设置变电所,建在靠近负荷中心位置,可以节省线材、降低电能损耗,提高电压质量,这是供配电系统设计的一条重要原则。

(2)按功能分区及避难区段设置:超高层建筑供配电系统宜按照不同功能分区及避难层划分设置相对独立的供配电系统。

(3)同级电压:多电源回路的项目,宜采用同级电压供电。配电线路可以互相备用,提高设备利用率。

(4)总分结构:超高层的高压供配电系统宜采用主配变电所—主配变电所超高层、总分结构是适用超高层大规模配电系统分层有效管理的组织架构。

(5)放射式主接线:主配变电所应采用单母线分段的主接线形式放射式引至分配变电所。放射式接线供电可靠性高,便于管理。但线路和高压柜数量较多,占用机房和电缆管井较大。超高层住宅的变电所也有采用环形或树干型的接线方式。

(6)两级配电:高压系统的配电级数不宜多于两级。配电级数过多,继电保护整定时限的级数也随之增多,而电力系统容许继电保护的时限级数对10kV来说正常也只限于两级。如配电级数出现三级,则中间一级势必要与下一级或上一级之间无选择性。

(7)公/专变电所:根据公用变电所和专用变电所分别设置供配电系统。公用变电所由市政10kV开关站采用放射式、环网式或树干式单独配电。专用变电所由建设单位自行建设高压配电系统。

11. 超高层建筑高压配电系统需考量的维度

（1）使用功能和性质：超高层使用功能和性质主要有办公、商业、酒店、公寓和住宅，应根据建筑使用功能和性质合理设置供配电系统，方便管理。

（2）业主物权情况：根据业主物权情况分别设置供配电系统，同一超高层内有两家及以上业主时，应分别设置高压配电系统，以方便运维管理。

（3）租售情况：根据建筑租售情况合理设置供配电系统，超高层内建设方自持物业和出售物业，宜分别设置高压配电系统。租售单元应设置计量表计，系统应具有灵活性以满足客户需求。

（4）运维情况：根据建筑运维情况合理设置供配电系统，同一超高层内办公、商业、酒店或公寓住宅由专门物业管理单位运维时，宜分别设置高压配电系统。

2.4.2 典型高压供配电系统

1. 高压供电电源典型方案

根据不同供电电源配置的实际情况和可靠性的高低，可确定14种重要电力用户供电方式的典型模式。

按照供电电源回路数分为Ⅰ、Ⅱ、Ⅲ三类供电方式，分别代表三电源、双电源、双回路供电。

1）三电源供电：模式Ⅰ

Ⅰ.1：三路电源来自三个变电站，全专线进线。

Ⅰ.2：三路电源来自两个变电站，两路专线进线，一路公网供电进线。

Ⅰ.3：三路电源来自两个变电站，一路专线进线，两路公网供电进线。

2）双电源供电：模式Ⅱ

Ⅱ.1：双电源（不同方向变电站）专线供电。

Ⅱ.2：双电源（不同方向变电站）一路专线：一路环网公网供电。

Ⅱ.3：双电源（不同方向变电站）一路专线、一路辐射公网供电。

Ⅱ.4：双电源（不同方向变电站）两路环网公网供电进线。

Ⅱ.5：双电源（不同方向变电站）两路辐射公网供电进线。

Ⅱ.6：双电源（同一变电站不同母线）一路专线、一路辐射公网供电。

Ⅱ.7：双电源（同一变电站不同母线）两路辐射公网供电。

3）双回路供电：模式Ⅲ

Ⅲ.1：双回路专线供电。

Ⅲ.2：双回路一路专线、一路环网公网进线供电。

Ⅲ.3：双回路一路专线、一路辐射公网进线供电。

Ⅲ.4：双回路两路辐射公网进线供电。

根据国家或行业对于重要电力用户的相关标准，重要电力用户应尽量避免采用单电源供电方式。表2.4-4给出了典型供电模式的适用范围及其供电方式。

表 2.4-4　典型供电模式的适用范围及其供电方式

供电模式		电源	电源点	接入方式	适用重要电力用户类别	正常/故障下电源供电方式
三电源 I	I.1	电源 1	变电站 1	专线	具有极高可靠性需求，断供电将可能危害国家安全的特别重要的电力用户，如党中央、全国人大、全国政协、国务院、中央军委等最高首脑机关办公地点等	三路电源专线进线，两供一备，两路主电源任一路失电后热备用电源自切投切，任一路电源在峰荷时应带所有的一、二级负荷
		电源 2	变电站 2	专线		
		电源 3	变电站 3	专线		
	I.2	电源 1	变电站 1	专线	具有极高可靠性需求，涉及国家安全，但位于城区中心，电源出线资源非常有限，且不易改造的特别重要的电力用户，如党和国家领导人及来访的外国首脑经常出席的活动场所等	三路电源二路专线进线，一路环网公网供电，两供一备，两路主电源任一路失电后热备用电源自切投切，任一路电源在峰荷时应带所有的一、二级负荷
		电源 2	变电站 2	专线		
		电源 3	变电站 2	公网		
	I.3	电源 1	变电站 1	专线	具有极高可靠性需求，涉及国家安全，但地理位置偏远的特别重要的电力用户，如国家的军事机构和军事基地	三路电源一路专线进线，二路环网公网供电，两供一备，两路主电源任一路失电后热备用电源自切投切，任一路电源在峰荷时应带所有的一、二级负荷
		电源 2	变电站 2	公网		
		电源 3	变电站 2	公网		
双电源 II	II.1	电源 1	变电站 1	专线	具有很高可靠性需求，中断供电将可能造成重大政治影响或社会影响的重要电力用户，如省级政府机关、国际大型枢纽机场，重要铁路牵引站、三级甲等医院等	两路电源互为备用，任一路电源能带满负荷，而且应尽量配置备用电源自动投切装置
		电源 2	变电站 2	专线		
	II.2	电源 1	变电站 1	专线	具有很高可靠性需求，中断供电将可能危险造成人身伤亡或重大政治影响或社会影响的重要电力用户，如国家级广播电台、国家级铁路干线枢纽站、国家级通信枢纽站、国家一级数据中心、国家级银行等	可采用专线主供，公网热备用方式，主供电源失电后，公网热备用电源自切投切，两路电源应装有可靠的电气、机械连锁
		电源 2	变电站 2	公网		
	II.3	电源 1	变电站 1	专线	具有很高可靠性需求，中断供电将可能造成重大社会影响的重要电力用户，如城市轨道交通牵引站、承担重大国事活动的国家级场所、国家级大型体育中心，承担国际或国家级大型展览会展中心、地区性枢纽机场，各省级广播电台、电视站、及传输发射台等	可采用专线主供，公网热备用方式，主供电源失电后，公网热备用电源自切投切，两路电源应装有可靠的电气、机械连锁
		电源 2	变电站 2	公网		
	II.4	电源 1	变电站 1	公网	具有很高可靠性需求，中断供电将可能造成重大社会影响的重要电力用户，如铁路大型客运站、城市轨道交通大型换乘站	可采用双电源各带一台变压器，低压母线分段运行方式，双电源互供互备，二台变压器在高峰负荷时能带满所有的一、二级负荷
		电源 2	变电站 2	公网		
	II.5	电源 1	变电站 1	公网	具有很高可靠性需求，中断供电将可能造成较大范围社会公共次序混乱或重大政治影响的重要电力用户，如特别重要的涉外宾馆等，举办全国性和国际单项赛事的比赛场地等人员密集场所等	双电源可采用母线分段，互供互备运行方式，公网热备用电源自切投切，两路电源应装有可靠的电气、机械连锁
		电源 2	变电站 2	公网		
	II.6	电源 1	变电站 1（不同母线）	专线	不具备来自两个方向的变电站条件，但又具有较高的供电可靠性要求，中断供电将可能造成人员伤亡，重大经济损失或较大范围社会公共次序混乱的重要电力用户，如石油输送首站和末站，天然气输气干线，6 万 t 以上的大型矿井、石化、冶金等高危企业，供水面积大的大型水厂、污水处理站等	由于用户不具备来自两个方向的变电站条件，但又具有较高的供电可靠性要求，可采用专线主供，公网热备用电源自切投切，两路电源应装有可靠的电气、机械连锁
		电源 2	变电站 1（不同母线）	公网		

供电模式		电源	电源点	接入方式	适用重要电力用户类别	正常／故障下电源供电方式
双电源Ⅱ	Ⅲ.7	电源1	变电站1（不同母线）	公网	不具备来自两个方向的变电站条件，但又具有较高的供电可靠性要求，中断供电将可能造成重大经济损失或较大范围社会公共秩序混乱的重要电力用户，如天然气输气干线、6万t以上的大型矿井、石化、冶金等高危企业，供水面积大的大型水厂、污水处理站等	由于涉及一些地点偏远的高危类用户，进线电源可采用母线分段，互供互备运行方式，要求公网热备用电源自切投切，两路电源应装有可靠的电气、机械连锁
		电源2	变电站1（不同母线）	公网		
双回路Ⅲ	Ⅲ.1	电源1	变电站1	专线	不具备来自两个方向的变电站条件，但又具有较高的供电可靠性需求，中断供电将可能造成较大社会影响的重要电力用户，如市政部门、普通机场等	两路电源互供互备运行方式，任一路电源均能带满负荷，而且应尽量配置电源自切投切装置
		电源2	变电站1	专线		
	Ⅲ.2	电源1	变电站1	专线	不具备来自两个方向的变电站条件，但又具有较高的供电可靠性需求，中断供电将可能造成较大社会影响的重要电力用户，如国家二级通信枢纽站、国家二级数据中心、二级医院等重要用户等	两路电源互供互备运行方式，任一路电源均能带满负荷，而且应尽量配置电源自切投切装置
		电源2	变电站1	公网		
	Ⅲ.3	电源1	变电站1	专线	不具备来自两个方向的变电站条件，但又具有较高的供电可靠性需求，中断供电将可能造成重大经济损失或一定范围社会公共秩序混乱的重要电力用户，如汽车、造船、飞行器、发动机、锅炉、汽轮机、机车、机床加工等机械制造企业，达到一定供水规模的水厂、污水处理厂等	由于部分是工业类重要电力用户，采用专线主供，公网热备用运行方式，主供电源失电后，公网热备用电源自切投切，两路电源应装有可靠的电气、机械连锁
		电源2	变电站1	公网		
	Ⅲ.4	电源1	变电站1	公网	不具备来自两个方向的变电站条件，但又具有较高的供电可靠性需求，中断供电将可能造成较大经济损失或一定范围社会公共秩序混乱的重要电力用户，如一定规模的重点工业企业、各地市级广播电视台及传输发射台，高度超过100m的特别重要的商业办公楼等	由于该类用户一般容量不大，可采用两路电源供电互供互备，任一路电源均能带满负荷，而且应尽量配置电源自切投切装置
		电源2	变电站1	公网		

2. 超高层建筑中常用的主结线方案

（1）方案一为单母线分段方案、两路电源同时工作，互为备用，如图2.4-1所示。

（2）方案二为三路电源两用一备方案，平时电源1和2正常供电，电源3备用，如图2.4-2所示。

（3）方案一、二可以组合使用，如4路10kV进线，可由两个方案一组合使用；5路10kV进线，可由方案一和方案二组合使用。

（4）方案三为三路电源同时工作，互为备用，平时三个电源正常供电，母联断开，如图2.4-3所示。

（5）方案三可以与方案一、二组合使用，如5路10kV进线，可由一个方案一和一个方案三组合使用。

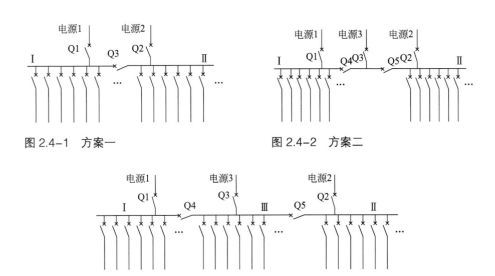

图 2.4-1　方案一　　　　　　　　　　　图 2.4-2　方案二

图 2.4-3　方案三

（6）方案四是主-分高压系统结构，主配变电所为110kV或35kV进线，主配变电所有一级降压并配电；适用于建筑规模更大的超高层建筑，如图2.4-4所示。

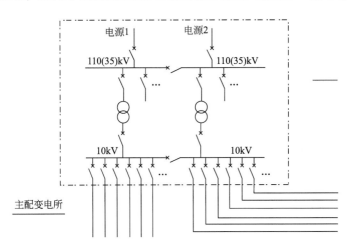

图 2.4-4　方案四

（7）方案五是主-分高压系统结构，主配变电所为高压配电，变压器在分配变电所。电源可为两路，也可为三路。当主配变电所出线断路器能满足保护灵敏度要求时，分配变电所主进断路器可改为负荷开关或主进断路器取消保护功能。除当地供电部门有要求，不建议35kV的变压器上楼。方案五如图2.4-5所示。

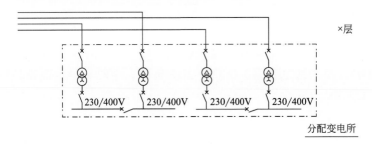

图 2.4-5　方案五

（8）方案六也是主-分高压系统结构，主配变电所为高压配电，变压器在分配变电所。分配变电所二次高压配电，减少主-分配变电所之间的电缆数量，具有较好的经济性。同样，电源可为两路，也可为三路。当主配变电所出线断路器能满足保护灵敏度要求时，分配变电所主进断路器可改为负荷开关或主进断路器取消保护功能。除当地供电部门有要求，不建议35kV的变压器上楼。方案六如图2.4-6所示。

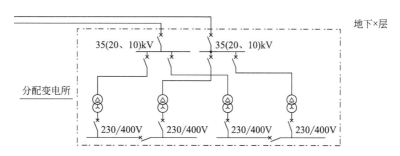

图2.4-6　方案六

2.4.3　低压配电系统

1. 超高层低压配电系统设计原则

（1）超高层建筑的垂直干线可采用电缆转接封闭式母线槽方式供电。

（2）超高层建筑配电箱的设置和配电回路应根据负荷性质按防火分区划分。

（3）250m及以上的超高层建筑的消防供配电干线应设置在不同的竖井内。

（4）设置在避难层的变电所，其低压配电回路不宜跨越上下避难层。

（5）供避难场所使用的用电设备，应从变电所采用放射式专用线路配电。

（6）超高层内长距离敷设的刚性供电干线（如封闭母线、矿物绝缘类电缆等），应避免预期的位移引起的损伤。

（7）固定敷设的线路与所有重要设备、供配电装置之间的连接应选用可靠的柔性连接。

2. 负荷等级及其低压接线方案

用电负荷应根据对供电可靠性的要求及中断供电所造成的损失或影响程度确定，分为：特别重要场所不允许中断供电的负荷应定为一级负荷中的特别重要负荷；一级负荷；二级负荷；三级负荷。相关的供配电系统设计原则，应符合国家规范要求。

3. 超高层建筑中变电所常用主结线方案

方案一的特点是两路电源同时工作，互为备用，如图2.4-7所示。该方案也可用于两路电源一用一备方式。

方案二的特点是两路电源同时工作，互为备用，如图2.4-8所示。柴油发电机组作为应急电源使用。当柴油发电机组作为备用电源时，Ⅲ段母线可以接一级负荷中特别重要负荷。

方案三与方案四是方案二的延伸，特点是两路电源同时工作，互为备用，如图2.4-9和图2.4-10所示。柴油发电机组作为应急电源和保障电源使用。当柴油发电机组作为备用电源供电时，非消防时供Ⅳ段母线的保障电源使用，消防时供Ⅲ段母线的一级负荷中的特别重要负荷使用同时联动切除保障负荷。

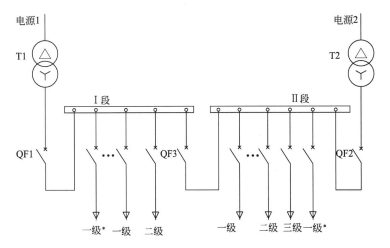

图 2.4-7　方案一：单母线分段

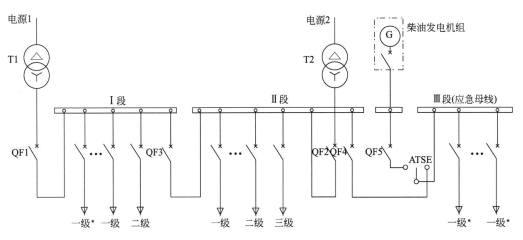

图中"一级＊"，为一级负荷中特别重要负荷。
图中"一级"，为一级负荷，分别接于Ⅰ段母线和Ⅱ段母线。
图中"二级"，为二级负荷，分别接于Ⅰ段母线和Ⅱ段母线。对于大容量的二级负荷，如"冷冻机组"，可以采用单路专线直供方式配电。
图中"三级"，为三级负荷，可接于Ⅰ段母线或Ⅱ段母线。
注：方案一的特点是两路电源同时工作，互为备用，该方案也可用。

图 2.4-8　方案二：具有应急母线段的单母线分段

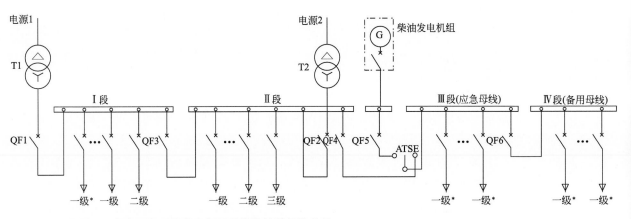

图 2.4-9　方案三：具有应急母线段和备用母线段的单母线分段

超高层建筑电气设计关键技术研究与实践

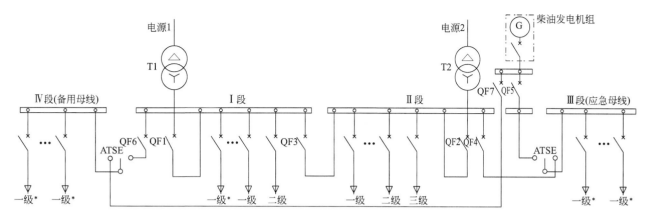

注：消防负荷的两路专线建议由Ⅰ段和Ⅲ段母线供电。

图 2.4-10　方案四：具有应急母线段和备用母线段的单母线分段

表2.4-5所示为低压系统主接线常用方案比较。

表 2.4-5　低压系统主接线常用方案比较

方案编号	方案名称	系统特点	适用范围
方案一	单母线分段方案	1 段和 2 段母线分别由不同电源供电，中间设母联断路器 QF3，平时 QF3 断开。当有一路电源断电时，QF3 闭合，由另一路电源继续供电	适用于最高负荷等级为一级负荷中特别重要负荷的供配电系统
方案二	具有应急母线段的单母线分段方案	1 段和 2 段母线分别由不同电源供电，中间设母联断路器 QF3，平时 QF3 断开。当有一路电源断电时，QF3 闭合，由另一路电源继续供电。 3 段母线由发电机和电源 2 供电，电源与发电机之间通过 ATSE 实现机械、电气联锁。 注：系统图中 ATSE 可以由其他双电源转换装置替代	适用于最高负荷等级为一级负荷中特别重要负荷的供配电系统
方案三	具有应急母线段和备用母线段的单母线分段方案	1 段和 2 段母线分别由不同电源供电，中间设母联断路器 QF3，平时 QF3 断开。当有一路电源断电时，QF3 闭合，由另一路电源继续供电。 3 段母线为应急母线段，由发电机和电源 2 供电，电源与发电机之间通过 ATSE 实现机械、电气联锁。 4 段母线为备用母线段，也由发电机和电源 2 供电，当发生火灾时，可以通过断路器 QF6 将非消防电源切除。 注：系统图中 ATSE 可以由其他双电源转换装置替代	适用于最高负荷等级为一级负荷中特别重要负荷的供配电系统。系统中既有应急电源，又有备用电源。 该方案可以广泛地应用在超高层建筑的高等级酒店、高档写字楼等场所
方案四	具有应急母线段和备用母线段的单母线分段方案	1 段和 2 段母线分别由不同电源供电，中间设母联断路器 QF3，平时 QF3 断开。当有一路电源断电时，QF3 闭合，由另一路电源继续供电。 3 段母线为应急母线段，由发电机和电源 2 供电，电源与发电机之间通过 ATSE 实现机械、电气联锁。 4 段母线为备用母线段，由发电机和电源 1 供电，电源与发电机之间通过 ATSE 实现机械、电气联锁。 注：系统图中 ATSE 可以由其他双电源转换装置替代	适用于最高负荷等级为一级负荷中特别重要负荷的供配电系统。系统中既有应急电源，又有备用电源。 该方案可以广泛地应用在超高层建筑的高等级酒店、高档写字楼等场所

4. 超高层建筑中常用的低压配电干线敷设方式

（1）上供：由配变电所低压侧出线向建筑物上方用电设备供电的低压配干线方式，如图2.4-11所示。

（2）下供：由配变电所低压侧出线向建筑物下方用电设备供电的低压配干线方式，如图2.4-11所示。

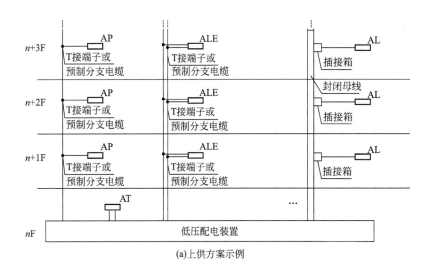

(a)上供方案示例

超高层建筑电气设计关键技术研究与实践

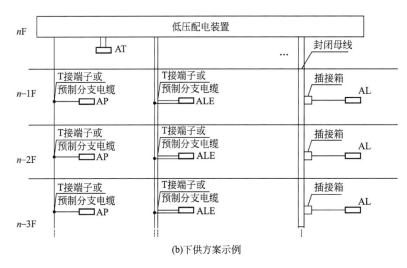

(b)下供方案示例

图 2.4-11　上供和下供方案

（3）上下供：由配变电所低压侧出线同时向建筑物上方和下方用电设备供电的低压配干线方式，是上供和下供的组合，如图2.4-12所示。

5. 超高层建筑的电气竖井

在超高层建筑设计中，核芯筒内的机电用房布置，对建筑方案设计以及得房率的影响较大，同样对机电专业的管线合理走向及静高控制均有很大影响。表2.4-6所示为收集的部分超高层建筑的案例，供参考。

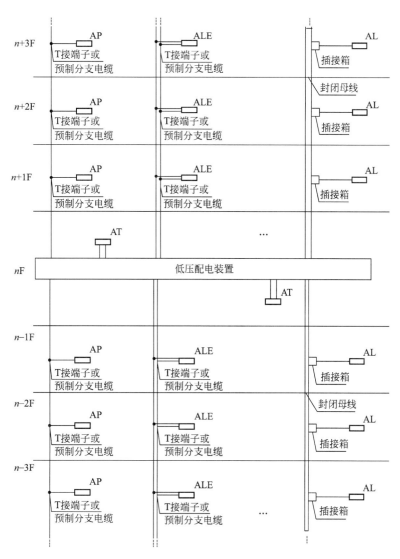

图 2.4-12　上下供方案

表 2.4-6　部分超高层案例数据

项目	名称	办公段Ⅰ	办公段Ⅱ	办公段Ⅲ	办公段Ⅳ	公寓段	酒店段	观光段
北外滩	电气管井面积（m²）	24.4	24.2	22.8	22.9	—	—	—
	机电管井面积（m²）	107.3	99.9	99.7	101.1	—	—	—
	机电管井占比（%）	5.2	4.4	4.2	4.5	—	—	—
成都绿地	电气管井面积（m²）	22.5	—	—	—	23	15.8	8.6
	机电管井面积（m²）	104.3	—	—	—	111.3	58.5	64.5
	机电管井占比（%）	3.5	—	—	—	4.8	3.1	4.9
上海环球金融	电气管井面积（m²）	67	—	—	—	—	50	—
	机电管井面积（m²）	104	—	—	—	—	129	—
	机电管井占比（%）	3.1	—	—	—	—	4.7	—

项目	名称	办公段Ⅰ	办公段Ⅱ	办公段Ⅲ	办公段Ⅳ	公寓段	酒店段	观光段
会德丰	电气管井面积（m²）	27.45	25.81	32.78	36.25	—	—	—
	机电管井面积（m²）	91.23	93.68	105.19	112.38	—	—	—
	机电管井占比（%）	4.3	4.4	5	5.4	—	—	—
济南绿地	电气管井面积（m²）	24.5	—	—	—	25.8	20.5	—
	机电管井面积（m²）	78.8	—	—	—	117.7	89.7	—
	机电管井占比（%）	2.9	—	—	—	4.3	4.5	—
昆明春之眼	电气管井面积（m²）	94.1	—	—	—	—	165	170.4
	机电管井面积（m²）	292	—	—	—	—	273	291.9
	机电管井占比（%）	10	—	—	—	—	12	12
南昌绿地	电气管井面积（m²）	18.4	18.2	12.1	21.2	—	—	—
	机电管井面积（m²）	98.12	93.98	125.8	94.9	—	—	—
	机电管井占比（%）	4.9	4.75	7.3	6.1	—	—	—
南京金融	电气管井面积（m²）	4.17	—	—	—	—	2.49	2.24
	机电管井面积（m²）	138.27	—	—	—	—	38.68	48.86
	机电管井占比（%）	5.5	—	—	—	—	2	2.5
苏州润华	电气管井面积（m²）	13.4	15.4	—	—	—	—	15.6
	机电管井面积（m²）	58.5	59.7	—	—	—	—	57.2
	机电管井占比（%）	3.09	3.15	—	—	—	—	3.07
天津富力	电气管井面积（m²）	5.3	—	—	—	0.9	2.8	—
	机电管井面积（m²）	138.9	—	—	—	71	66.3	—
	机电管井占比（%）	3.8	—	—	—	3.5	3.8	—
武汉中心	电气管井面积（m²）	34.5	—	—	—	29.5	24.8	22
	机电管井面积（m²）	121.4	—	—	—	89.6	128	87.8
	机电管井占比（%）	4.1	—	—	—	3.1	4.9	4.1

通过对上述的超高层建筑核心筒和电气竖井的数据进行分析研究，得出如下结论：

1）办公段

（1）芯筒内的机电管井约占标准层面积比，平均值约为4.74%。

（2）芯筒内的电气管井约占机电管井面积比，平均值约为24.46%，占标准层约为1.15%。

2）公寓段

（1）芯筒内的机电管井约占标准层面积比，平均值约为3.92%。

（2）芯筒内的电气管井约占机电管井面积比，平均值约为20.32%，占标准层约为0.8%。

3）酒店段

（1）芯筒内的机电管井约占标准层面积比，平均值约为5%。

（2）芯筒内的电气管井约占机电管井面积比，平均值约为35.88%，占标准层约为

1.8%。

4）观光段

（1）芯筒内的机电管井约占标准层面积比，平均值约为5.31%。

（2）芯筒内的电气管井约占机电管井面积比，平均值约为39.77%，占标准层约为2.11%。

5）全楼综合

（1）芯筒内的机电管井约占标准层面积比，平均值约为4.42%。

（2）芯筒内的电气管井约占机电管井面积比，平均值约为28.38%，占标准层约为1.25%。

6）土建配合提资

（1）芯筒内的机电管井约占标准层面积比，多在2%～8.5%范围内。建议控制在3%到6%。

（2）大部分项目的强电管井通常在2个及以上，并设置高压竖井和应急竖井。

（3）每个强电竖井的面积为5～8m²/个，垂直高压竖井1～2m²，只作为电缆通道。

2.5 变电所及柴油发电机房

2.5.1 变电所及柴油发电机房位置选择

变电所设计应根据工程特点、负荷性质、用电容量、供电条件、节约电能、安装、运行维护要求等因素，合理确定设计方案，并适当考虑发展的可能性。变电所位置的选择应深入或靠近负荷中心，进出线方便；宜布置在建筑物的首层或地下一层，避免设在地下室最底层，变配电设备吊装或运输要方便。布置在地下室时变电所的一侧应尽量靠外墙，不应设在对防电磁干扰有较高要求的场所，不应设在卫生间、浴室、厨房或其他经常有水并可能漏水场所的正下方。

柴油发电机房宜布置在建筑的首层、地下室、裙房屋面。当地下室为三层及以上时，不宜设置在最底层。机房宜靠近建筑外墙布置，应有通风、防潮、机组的排烟、消声和减振等措施并满足环保要求。机房宜设有发电机间、控制室及配电室、储油间、备品备件储藏间等，控制室与发电机之间应须设隔墙，并在墙壁上应设双层玻璃观察窗和隔声门。

2.5.2 变电所及柴油发电机房典型布置

变电所平面布置示意图如图2.5-1所示。发电机房平面布局示意图如图2.5-2所示。

2.5.3 上楼变压器容量、运输、减振、降噪等研究

1. 变压器上楼与楼高的关系

1）变压器在规定压降下的供电半径比较

根据一些地方公共节能设计标准规定，"电力干线的最大工作压降不应大于2%，分支线路的最大工作压降不大于3%"，在此前提条件下，对不同容量变压器

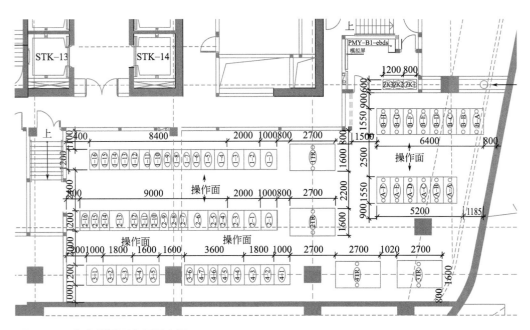

图 2.5-1　变电所平面布置示意图

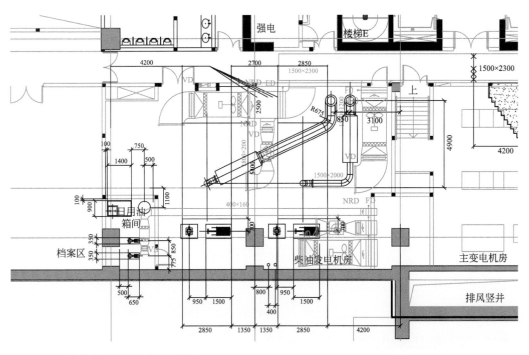

图 2.5-2　发电机房平面布局示意图

（800～2000kVA）带满负荷运行且负荷均布在大楼每层的条件时，供电半径计算及分析：

$$L=\Delta U/\left[\alpha\times I\times\left(R_o\times\cos\varphi+X_o\times\sin\varphi\right)10^{-3}\left(V\right)\right]$$

式中：α——负载分布系数（大楼内按每层均匀分布，取值0.5）。

其供电半径计算结果如表2.5-1所示。

表2.5-1　供电半径计算结果

变压器	电压等级	阻抗	压降	母线槽	实载电流	单位阻抗	单位电阻	cosφ	单位电抗	sinφ	供电半径
S_e（kVA）	U_p（kV）	U_d（%）	ΔU（%）≤	A	80%	Z_o（mΩ/m）	R_o（mΩ/m）		X_o（mΩ/m）		L（m）
800	0.4	6	2%	1250	1000	0.056	0.043	0.8	0.013	0.75	209
1000	0.4	6	2%	1600	1280	0.043	0.032	0.8	0.013	0.75	204
1250	0.4	6	2%	2000	1600	0.035	0.025	0.8	0.012	0.75	199
1600	0.4	6	2%	2500	2000	0.031	0.021	0.8	0.01	0.75	190
2000	0.4	8	2%	3200	2560	0.021	0.016	0.8	0.008	0.75	192

可以看出，对不同容量的变压器，在控制干线压降≤2%的前提条件下，其供电半径在190～209m。

2）变压器在上楼情况下的线路压降比较

以总容量2000kVA、母线槽配出、负荷每层均匀分布为例，上楼之前变压器容量为2000kVA、母线长度200m，而上楼之后调整为二段，每段的变压器容量为1000kVA，母线长度为100m。

其压降计算结果如表2.5-2所示。

表2.5-2　压降计算结果

变压器	电压等级	阻抗	母线槽	实载电流	单位阻抗	单位电阻	cosφ	单位电抗	sinφ	控制长度	压降
S_e（kVA）	U_p（kV）	d（%）	A	80%	Z_o（mΩ/m）	R_o（mΩ/m）		X_o（mΩ/m）		L（m）	U（%）
2000	0.4	8	3200	2560	0.021	0.016	0.8	0.008	0.75	200	2%
1000	0.4	6	1600	1280	0.043	0.032	0.8	0.013	0.75	100	1%

可以看出，当变压器上楼之后线路压降减半且线路截面也减半，因此变压器上楼可以有效地降低线路的电能损耗以及减少线路的有色金属消耗，达到节能又节材的目的。

3）在超高层建筑中变压器上楼的建议

由上述分析得知，主干压降在不大于2%的前提条件下，其低压供电线路的供电半径约在200m，同时考虑到变电所至核心筒的水平段距离通常会有50m左右，大楼实际垂直引上部分的高度约在150m；即当建筑物楼高超出150m时，建议变压器可以考虑上楼，以达到降低电能损耗和节省材料及减少一次性投入，当建筑物楼高超出200m时，变压器应考虑上楼。

2. 上楼变压器容量及自重控制研究

避难层变压器的运输的难点不在于初装，而在于项目建成多年以后变压器的更换。目前主要的运输途径有利用井道运输、利用货梯（低速短时超载状态）运输等方式。为减少尺寸，一般可以采用拆除防护外壳的方式，通过变压器上夹件的吊孔使用吊索起吊。到达设备安装层后，水平方向利用变压器滚轮进行水平方向移动，如图2.5-3所示。

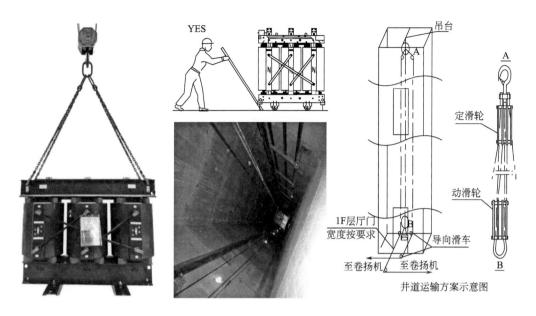

图 2.5-3　变压器运输

（1）因受限于货梯载重和电梯井道尺寸的影响，上楼10kV变压器的容量一般不超过1250kVA，采用传统的运输方法有以下几种：

① 货梯直送方式。当货梯载重在1t/2t的，变压器的容量应控制在400kVA以下；当货梯载重在3t/4t时，变压器的容量应控制在1000kVA以下，缺点为不能运送大容量变压器。

② 变压器拆装方式。将变压器拆散，通过货梯运输上楼重装，缺点为拆装后变压器损耗、漏磁、噪声增大，现场安装存在运行风险。

③ 相变压器上楼方式。采用单相变压器上楼后再连接成三相变压器，缺点为组装后变压器损耗、漏磁、噪声增大，并导致设备重量增加，占用面积增加。

④ 改变货梯载重方式。根据电梯的特性，提升货梯的载重能力将变压器运输上楼，缺点为增加投入很大，且增加辅助机房面积。

（2）此外，为保证1250 kVA及以下容量的变压器上楼的可行性，除上述的传统运输方法以外，也可采用以下几种方法：

① 变压器首次吊装通过施工梯完成，在井道内预埋吊装件作为后续更换吊装用，但须注意井道内设备保护。

② 采用新型的敞开式立体卷铁心干式变压器上楼，如变压器容量为1250kVA时的外形尺寸为1100×1344×1369mm³，重量2240kg亦能满足变压器上楼的要求。

2.6 导体选择

2.6.1 导体类型选择

1. 导体材质的选择

（1）导体材质应根据负荷性质、环境条件、配电线路条件、安装部位、市场价格等综合因素判定。

（2）超高层建筑属于重要的公共建筑及人员密集场所，其功能复杂，供电可靠性要求较高，配电线路的导体材质应选用铜芯。

2. 导体芯数的选择

（1）3～35kV电压等级三相供电回路的线缆通常采用三芯电缆，当工作回路电流较大时，可选用3根单芯电缆或采用双拼三芯电缆。

（2）超高层建筑中，考虑其供电的复杂性，下列情况可采用单芯电缆组成电缆束替代多芯电缆：

① 当电缆沿桥架敷设，采用大截面的多芯电缆难以满足电缆转弯半径的要求时。

② 负荷电流很大，采用两根电缆并联仍难以满足要求时。

③ 采用刚性矿物绝缘电缆时。

3. 绝缘材料及护套选择

1）根据相关规范要求，电线电缆的绝缘类型选择的基本要求如下：

（1）在符合工作电压、工作电流及其特性和环境条件下，电缆绝缘特性不应小于预期使用寿命。

（2）应根据运行可靠性、施工和维护的简便性以及允许最高工作温度与造价的经济性等因素选择。

（3）应符合防火场所的要求，并应利于安全。

（4）明确需要与环境保护协调时，应选用符合环保的电缆绝缘类型。

2）结合超高层项目自身的特点、用电负荷的等级、设备的供电要求、线路的敷设方式等，选择不同绝缘材料及护套的电缆：

（1）超高层建筑属于重要的公共建筑及人员密集场所，且火灾发生时人员的疏散时间较长。为减少火灾发生期间由于电缆燃烧产生的烟雾、毒气，保证人员的有效疏散，线缆的绝缘材料及护套中不应含卤素，应选用无卤低烟型交联聚乙烯绝缘电缆。

（2）在室内成束敷设的线缆，应采用阻燃型电线电缆。

（3）为消防设备供电的线缆，应采用耐火型电线电缆。

（4）当线缆敷设在火灾发生时不会被延燃的部位，即使发生火灾，电缆也不会燃烧，如直埋敷设或穿管在混凝土楼板内暗敷的线缆，可采用普通电线电缆。但在实际工程设计中，为便于统一设计标准和便于施工，穿管暗敷的线缆建议采用无卤低烟型线缆，同时由于无卤低烟型的线缆容易受潮，室外直埋敷设的线缆建议采用普通型线缆。

（5）移动式电气设备等经常弯移或有较高柔软性要求的回路，应选用橡皮绝缘等电缆。

3）电线电缆的燃烧性能应满足下列要求：

（1）目前，国家现行规范中，对于建筑物内线缆的燃烧阻燃类别未做明确要求，但上海市地方标准《民用建筑电气防火设计规程》DGJ 08-2048—2016、江苏省地方标准《建筑电气防火设计规程》DB 32/T 3698—2019等较多地方标准中有明确规定。根据标准中的相关要求，民用建筑中线缆阻燃类别的选择应根据建筑物的电气防火分级以及同一通道内线缆的非金属含量来确定。

① 同一通道内不同阻燃类别线缆的非金属含量限值参见表2.6-1。

表 2.6-1　同一通道内线缆非金属含量限值

阻燃类别	线缆的非金属材料含量（L/m）
A 类	7 ~ 14*
B 类	3.5 ~ 7（含7）
C 类	1.5 ~ 3.5（含3.5）

注：*当同一通道内电缆的非金属含量大于14L/m时，中间应设置隔板或分通道敷设。

② 两本地方标准中，对于建筑物的电气防火等级略有差异，但对于高于大于250m建筑均做出如下要求，见表2.6-2。

表 2.6-2　大于 250m 超高层建筑中电线电缆的阻燃类别要求

线缆	阻燃类别
电缆	A 类
电线	C 类

（2）建筑高度大于250m时，非消防用电线电缆的燃烧性能不应低于B1级；消防用电线电缆，应保证火灾发生时从项目的第一个配电点开始全线路的持续供电能力：

① 为消防用电设备提供电源的变配电所的6～35kV中压电力电缆，当在室内敷设时，应采用耐火温度不低于750℃、持续供电时间不少于90min的阻燃耐火电缆。

② 消防电源主干线，消火栓泵、消防转输水泵、水幕泵、消防控制室、防烟和排烟设备及消防电梯的配电干线应采用耐火温度950℃、持续供电时间不小于180min的耐火母线槽或耐火电缆。

③ 喷淋泵、防火卷帘等消防用电设备的配电线路，及上述第2款中各类消防设备机房内的分支线路应采用耐火温度不低于750℃、持续供电时间不少于180min的耐火电线电缆。

④ 消防设备的手动控制线路、火灾自动报警系统的联动控制线路、消防应急照明等配电线路，应采用耐火温度不低于750℃、持续供电时间不少于90min的耐火电线电缆。

⑤ 消防电梯和辅助疏散电梯的供电电线电缆应采用燃烧性能为A级，其他消防供配电电线电缆应采用燃烧性能不低于B1级。电线电缆的燃烧性能分级应符合现行国家标准《电缆及光缆燃烧性能分级》GB 31247的规定。

2.6.2 导体截面选择

导体的截面，应根据导体的温升、载流量、经济电流、电压损失、机械强度、短路动热稳定等综合判断，满足国家相关规范要求。

2.6.3 导体载流量

电线电缆的载流量，除应满足其供电回路的运行负荷要求外，尚需考虑环境温度、线路敷设方式和条件等综合因素的影响，并符合国家相关规范规定。

2.6.4 垂直电缆敷设方式研究

超高层建筑中，垂直电缆敷设通常可采用在电气竖井内金属导管、金属线槽、电缆、电缆桥架及封闭式母线等布线方式。

高度大于250m的超高层建筑，竖井的井壁应是耐火极限不低2h的非燃烧体。竖井在每层楼应设维护检修门并应开向公共走廊，其耐火极限为甲级。楼层间钢筋混凝土楼板或钢结构楼板应做防火密封隔离，线缆穿过楼板（预留洞或金属套管）处应进行防火封堵。

竖井大小除满足布线间隔及配电箱、端子箱布置所必需尺寸外，并宜在箱体前留有不小于0.8m的操作、维护距离；当建筑平面受限制时，可以利用公共走道满足操作、维护距离的要求。

竖井内垂直布线时应考虑下列因素：

（1）顶部最大变位和层间变位对干线的影响。

（2）电线、电缆及金属保护管、罩等自重所带来的荷重影响及其固定方式。

（3）垂直干线与分支干线的连接方法。

高度大于250m的超高层建筑，其中为150m及以上的变电所供电的中压电缆，宜采用垂吊敷设电缆。高度不大于250m的超高层建筑，为同一消防设备供电的电源主备干线回路宜分开敷设在不同的电缆桥架内，如确需敷设在同一电缆桥架内时，应在桥架内设置防火隔板。高度大于250m的超高层建筑，为同一消防设备供电的电源主备干线回路应分开敷设在不同的电缆桥架内，且垂直部分应敷设在不同的电气竖井内。

【案例】某高度为420m的超高层项目，其主塔楼电气竖井的设计方案如图2.6-1所示。

项目分设高压竖井、应急配电间、普通配电间，三个房间均对向公共走道设置维护检修门，耐火极限为甲级。为同一消防设备供电的电源主备干线回路分开敷设在不同的应急电缆桥架内，同时，应急电缆桥架分设在不同的电气竖井内，保证消防设备供电的可靠性。普通电源供电用配电箱设置在普通配电间内，消防电源供电用配电箱设置在应急配电间内。

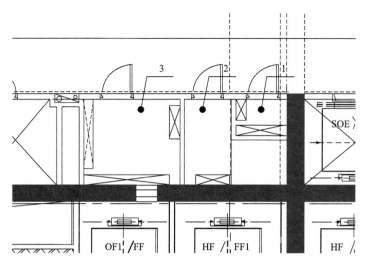

图 2.6-1 主塔楼电气竖井

1—高压竖井,1.6m²;2—应急配电间,5.8m²;3—普通配电间,7.5m²

2.6.5 室内线路敷设要求

1. 桥架（金属线槽）敷设要求

（1）水平方向敷设的电缆桥架采用托盘式，电气竖井内垂直方向敷设的电缆桥架采用梯架式。

（2）桥架（金属线槽）采用热浸镀锌钢板（或彩钢板）制，其镀锌层厚度平均值不应低于65μm（460g/m²），桥架（金属线槽）附件采用热浸锌工艺处理，其镀锌层厚度平均值不应低于54μm（382g/m²）。

（3）桥架（金属线槽）表面为喷塑及喷防火涂料时，接地应采用编织铜线连接。

（4）沿桥架（金属线槽）内敷设一根—40×4热镀锌扁钢（宽度不小于400mm时）或16mm²截面的裸铜导线（宽度小于400mm）作为接地线，并满足《建筑电气工程施工质量验收规范》GB 50303—2015的要求。

2. 母线槽敷设要求

（1）普通母线槽室内一般场所采用不低于IP54等级;地下室等潮湿及消防喷水场所采用不低于IP65等级；消防耐火母线槽应防喷水，不低于IP65等级，耐火性能应通过现行国家标准《在火焰条件下电缆或光缆的线路完整性试验 第21部分：试验步骤和要求额定电压0.6/1.0kV及以下电缆》GB/T 19216.21在950℃火焰条件下线路完整性的试验，耐火时间3h。母线槽的N线与相线等同材质与规格，PE线独立铜排。

（2）母线槽在电气井道的安装采用10号槽钢做防水台阶，弹簧支架直接安装在槽钢上，母线槽直线段敷设长度超过80m时，每 50～60m应设置伸缩节，在跨越建筑物伸缩/沉降缝处，应配置母线槽的软连接单元。

3. 电气管技术参数、敷设要求

（1）在地下层或屋面层内，暗敷的线路保护钢管采用4级厚壁热浸镀锌钢管，用SC表示（壁厚不小于2.0mm），钢管内径在40mm及以上为明敷。

（2）在其他层面、吊顶内、抬高地板内明敷或机房内明敷的电线管采用3级镀锌钢管，用MT（壁厚不小于1.5mm）表示；当采用热浸镀锌薄壁紧定式钢导管（四级管，用JDG表示）用于明敷时，壁厚不小于1.6mm，管径不超过50mm；套接紧定式钢导管的管路连接处采用涂电力复合脂进行封堵，防止潮气渗入，并符合《套接紧定式钢导管电线管路施工及验收规程》CECS：120—2007的相关规定。

（3）消防用电设备的配电线路暗敷时，应穿管并敷设在不燃烧体结构内且保护层厚度不应小于30mm。明敷时（包括敷设在吊顶内），穿金属导管或采用封闭式金属槽盒保护，金属管或封闭金属槽盒应采取防火保护措施；当采用阻燃或耐火电缆并敷设在电缆井、沟内时，可不穿金属导管或采用封闭式金属槽盒保护；当采用矿物绝缘类不燃性电缆时，可直接明敷。

（4）消防配电线路与其他配电线路分开敷设在不同的电缆井、沟内；普通用电设备的配电线路在暗敷设时，穿管并应敷设在不燃烧体结构内且保护层厚度不应小于15mm；明敷设时应穿金属导管或封闭式金属槽盒或梯架。

4. 防火封堵要求

（1）配电间（管井）应在每层楼板处采用不低于楼板耐火极限的不燃材料或防火封堵材料封堵。配电间（管井）与房间、走道等相连通的孔隙采用不低于防火墙耐火极限的防火封堵材料封堵。

（2）各种电缆、电缆桥架、金属线槽及封闭式母线在穿越防火分区楼板、隔墙时，其空隙应采用相当于建筑构件耐火极限的不燃烧材料填塞密实。

第3章　照明设计

目前在超高层建筑照明装置中采用的都是电光源，为保证电光源正常、安全、可靠地工作，同时便于管理维护，又利于节约电能，就必须有合理的供配电系统和控制方式给予保证。为此，照明电气设计成为照明设计中不可缺少的一部分。针对超高层照明设计除符合照明光照技术设计标准中的有关规定外，必须符合超高层建筑电气设计规范（规程）中的有关规定。

3.1　照明设计要点

照明设计要点如下：

（1）在照明设计时，应根据视觉要求、工作性质和环境条件，使工作区或空间获得良好的视觉效果、合理的照度和显色性，以及适宜的亮度分布。

（2）在确定照明方案时，应考虑不同使用功能对照明的不同要求，处理好电气照明与天然采光、建设投资及能源消耗与照明效果的关系。

（3）照明设计应重视清晰度，消除阴影，减少热辐射，限制眩光。

（4）照明设计时，应合理选择光源、灯具及附件、照明方式、控制方式，以降低照明电能消耗指标。

（5）照明设计应在保证整个照明系统的效率、照明质量的前提下，全面实施绿色照明工程，保护环境，节约能源。

（6）照明设计应满足《建筑照明设计标准》GB 50034—2013所对应的照度标准、照度均匀度、统一眩光值、照明功率密度值、能效指标等相关标准值的综合要求。

（7）照明方式的选择：

① 照度要求较高的场所，选择混合照明方式，一般照明在工作面上产生的照度不宜低于混合照明所产生的总照度的1/5～1/3，且不宜低于50lx。

② 工位密度较高且分布均匀的场所，可采用单独的一般照明方式，但照度不宜太高，一般不宜超过500lx。

③ 工位密度不同或照度要求不同的场所，可采用分区照明的方式。对要求高的工作区域采用较高的照度，要求较低的工作区域采用较低的照度，但两者的照度比值不宜大于3∶1。

④ 合理设置局部照明：对于高大空间区域，除在高处采用一般照明方式外，对照度要求高的区域可采用设置局部照明来满足需求。

（8）节能措施：照明节能设计应在保证不降低作业面视觉要求、不降低照明质量的前提下，力求最大限度地减少照明系统中的光能损失，采取措施利用好电能、太阳能。

3.2 照明光源、灯具及附件的选择

照明光源、灯具及附件的选择遵循如下原则：

（1）选用的照明光源、灯具及附件应符合国家现行相关标准的规定。

（2）选择光源时，应在满足显色性、启动时间等要求条件下，根据光源、灯具及镇流器等的效率、寿命和价格，进行综合技术经济分析比较后确定。

（3）照明设计时可按下列条件选择光源：

① 灯具安装高度较低的房间宜采用细管直管形三基色荧光灯或LED灯。

② 商店营业厅的一般照明宜采用细管直管形三基色荧光灯、小功率陶瓷金属卤化物灯。重点照明宜采用小功率陶瓷金属卤化物灯、LED灯。

③ 灯具安装高度较高的场所，应按使用要求，采用金属卤化物灯、高压钠灯或高频大功率细管直管荧光灯。

④ 旅馆建筑的客房宜采用LED灯或紧凑型荧光灯。

⑤ 照明设计不应采用普通照明白炽灯，对电磁干扰有严格要求，且其他光源无法满足的特殊场所除外。

（4）应根据识别颜色要求和场所特点，选用相应显色指数的光源。

（5）选择的照明灯具、镇流器应通过国家强制性产品认证。

（6）在满足眩光限制和配光要求条件下，应选用效率或效能高的灯具。

3.3 照明配电及控制

1. 照明配电

（1）照明配电及控制灯的触发器与光源的安装距离应满足现场使用的要求。

（2）三相配电干线的各相负荷宜平衡分配，最大相负荷不宜大于三相负荷平均值的115%，最小相负荷不宜小于三相负荷平均值的85%。

（3）正常照明单相分支回路的电流不宜大于16A，所接光源数或发光二极管灯具数不宜超过25个。当连接建筑装饰性组合灯具时，回路电流不宜大于25A，光源数不宜超过60个。连接高强度气体放电灯的单相分支回路的电流不宜大于25A。

（4）电源插座不宜和普通照明灯接在同一分支回路。

（5）不同电压级别的插座应有明显区别。

（6）主要供给气体放电灯的三相配电线路，其中性线截面应满足不平衡电流及谐波电流的要求，且不应小于相线截面。当3次谐波电流超过基波电流的33%时，应按中性线电流选择线路截面，并应符合现行国家标准《低压配电设计规范》GB 50054的有关规定。

（7）不同回路的线路，不宜穿在同一根管内。

（8）照明系统布线时，管内导线总数不应多于8根。

（9）室外照明供电宜采用局部TT系统，照明回路宜设剩余电流动作保护装置，并宜在每个灯杆处设置单独的短路保护装置。金属灯杆部分均应可靠接地。

2. 照明控制

照明控制要点如下：

（1）根据建筑物的建筑特点、建筑功能、建筑标准、使用要求等具体情况，对照明系统进行分散、集中、手动、自动控制。

（2）根据照明区域的灯光布置形式和环境条件选择合理的照明控制方式。

（3）功能复杂、照明要求较高的建筑物，宜采用专用的智能照明控制系统，该系统应具有相对的独立性，宜作为BA系统的子系统，应与BA系统有接口。建筑物仅采用BA系统而不采用专用智能照明控制系统时，公共区域的照明宜纳入BA系统控制范围。

3.4 典型房间/场所照度要求

严格执行《建筑照明设计标准》GB 50034—2013所规定的照明负荷密度指标（按照目标值设计），主要房间、设备机房照明功率密度和对应照度值要求如下：

（1）办公区域照明标准值应符合表3.4-1的规定。

表3.4-1 办公区域照明标准值

房间或场所	参考平面及其高度	照度标准值（lx）	UGR	U_o	R_a
普通办公室	0.75m 水平面	300	19	0.60	80
高档办公室	0.75m 水平面	500	19	0.60	80
会议室	0.75m 水平面	300	19	0.60	80
视频会议室	0.75m 水平面	750	19	0.60	80
接待室、前台	0.75m 水平面	200	—	0.40	80
服务大厅、营业厅	0.75m 水平面	300	22	0.40	80
设计室	实际工作面	500	19	0.60	80
文件整理、复印、发行室	0.75m 水平面	300	—	0.40	80
资料、档案存放室	0.75m 水平面	200	—	0.40	80

（2）商业区域照明标准值应符合表3.4-2的规定。

表3.4-2 商业区域照明标准值

房间或场所	参考平面及其高度	照度标准值（lx）	UGR	U_o	R_a
一般商店营业厅	0.75m 水平面	300	22	0.60	80
一般室内商业街	地面	200	22	0.60	80
高档商店营业厅	0.75m 水平面	500	22	0.60	80
高档室内商业街	地面	300	22	0.60	80

房间或场所	参考平面及其高度	照度标准值（lx）	UGR	U_o	R_a
高档超市营业厅	0.75m 水平面	500	22	0.60	80
专卖店营业厅	0.75m 水平面	300	22	0.60	80
收款台	台面	500	—	0.60	80

（3）地下及地上公共区域照明标准值应符合表3.4-3的规定。

表 3.4-3　地下及地上公共区域照明标准值

房间或场所		参考平面及其高度	照度标准值（lx）	UGR	U_o	R_a
门厅	普通	地面	100	—	0.40	60
	高档	地面	200	—	0.60	80
走廊、流动区域、楼梯间	普通	地面	50	25	0.40	60
	高档	地面	100	25	0.60	80
自动扶梯		地面	150	—	0.60	60
厕所、盥洗室、浴室	普通	地面	75	—	0.40	60
	高档	地面	150	—	0.60	80
电梯前厅	普通	地面	100	—	0.40	60
	高档	地面	150	—	0.60	80
休息室		地面	100	22	0.40	80
更衣室		地面	150	22	0.40	80
储藏室		地面	100	—	0.60	60
餐厅		地面	200	22	0.60	80
公共车库		地面	50	—	0.60	60
公共车库检修间		地面	200	25	0.60	80
电话站、网络中心		0.75m 水平面	500	19	0.60	80
计算机站		0.75m 水平面	500	19	0.60	80
变、配电站	配电装置室	0.75m 水平面	200	—	0.60	80
	变压器室	地面	100	—	0.60	60
电源设备室、发电机室		地面	200	25	0.60	80
电梯机房		地面	200	25	0.60	80
控制室	一般控制室	0.75m 水平面	300	22	0.60	80
	主控制室	0.75m 水平面	500	19	0.60	80
动力站	风机房、空调机房	地面	100	—	0.60	60
	泵房	地面	100	—	0.60	60
	冷冻站	地面	150	—	0.60	60
	压缩空气站	地面	150	—	0.60	60
	锅炉房	地面	100	—	0.60	60

3.5 航空障碍灯设置

常用规范中，《建筑照明设计标准》GB 50034—2013中第3. 1. 2 .5条、《民用建筑电气设计标准》GB 51348—2019中第10. 2. 7条、第10. 2. 8条，都有对航空障碍灯设置方面的基本规定。

有关航空障碍灯设置分布的规定和建议如下：

（1）在危及航行安全的建筑物、构筑物上，应根据相关部门的规定设置障碍照明。

（2）航空障碍标志灯应装设在建筑物或构筑物的最高部位。当制高点平面面积较大或为建筑群时，除在最高端装设障碍标志灯外，还应在其外侧转角的顶端分别设置航空障碍标志灯。

（3）航空障碍标志灯的水平安装间距不宜大于52m；垂直安装自地面以上45m起，以不大于52m的等间距布置。

（4）航空障碍标志灯宜采用自动通断电源的控制装置，并宜采取变化光强的措施。

（5）航空障碍标志灯技术要求应符合表3.5-1、表3.5-2的规定。

表 3.5-1 航空障碍标志灯技术要求

障碍标志灯类型	低光强	中光强		高光强
灯光颜色	航空红色	航空红色	航空白色	航空白色
控光方式及数据（次/min）	恒定光	闪光 20 ~ 60	闪光 20 ~ 60	闪光 40 ~ 60
有效光强	A 型 10cd 用于夜间 B 型 32cd 用于夜间	2000cd ± 25% 用于夜间	• 2000cd ± 25% 用于夜间 • 20000cd ± 25% 用于白昼、黎明或黄昏	• 2000cd ± 25% 用于夜间 • 20000cd ± 25% 用于黄昏与黎明 • A 型 200000cd ± 25% 用于白昼 • B 型 100000cd ± 25% 用于白昼
可视范围	• 水平光束扩散角 360° • 垂直光束扩散角 310°	• 水平光束扩散角 360° • 垂直光束扩散角 3°	• 水平光束扩散角 360° • 垂直光束扩散角 ≥ 3	• 水平光束扩散角 90° 或 120° • 垂直光束扩散角 3° ~ 7°

表 3.5-2 航空障碍标志灯技术要求

障碍标志灯类型	低光强	中光强		高光强
可视范围	最大光强位于水平仰角 4° ~ 20°	最大光强位于水平仰角 0°		最大光强位于水平仰角 4° ~ 20°
适用高度	• 高出地面 45m 以下全部使用 • 高出地面 45m 以上部分与中光强结合使用	高出地面 45m 时	高出地面 92m 时	高出地面 151m（500 英尺）时

注：表中时间段对应的背景亮度：夜间对应的背景亮度小于 50cd/m²；黄昏与黎明对应的背景亮度为 50 ~ 500cd/m²；白昼对应的背景亮度大于 500cd/m²。

（6）航空障碍标志灯的设置应便于更换光源。

第4章　防雷接地

4.1　防雷

4.1.1　防雷及防护措施

建筑物防雷体系如图4.1-1所示，可分为外部防雷和内部防雷，外部防雷主要是防止直击雷，通过引导和控制直接来自雷击的能量通行路径来泄放雷电能量。直击雷包括顶击雷和侧击雷两种情况。

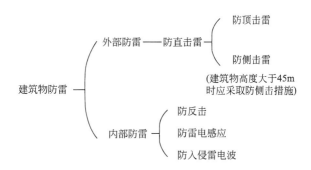

图 4.1-1　建筑物防雷体系

防侧击雷措施主要归纳为：

（1）建筑物内钢结构或钢筋混凝土钢筋的相互连接。

（2）利用钢柱或钢筋混凝土柱子内钢筋作为防雷装置引下线，结构圈梁中的钢筋每层连成闭合回路，并同防雷装置引下线连接。

（3）将45m及以上外墙上的栏杆、门窗等较大金属物直接或通过预埋件与防雷装置连接。

（4）对于水平突出外墙的物体，当滚球半径球体从屋顶周边接闪带向外地面垂直下降接触到突出外墙的物体时，采取防雷措施与避雷带焊接连通。

（5）60m及以上外墙各表面上的尖物、墙角、边缘、设备，以及显著凸出的物体，与避雷带焊接连通。

当建筑物高度为250m及以上时，除需采取防侧击措施外，还需满足结构圈梁中的钢筋应每层连成闭合环路作为均压环，同防雷装置引下线连接，且建筑物250m以上部分每50m与防雷装置连接一次。内部防雷则应采取防闪电电涌侵入、防反击的措施。

根据国家标准《建筑物防雷设计规范》GB 50057—2010规定，民用建筑物应划分为第二类和第三类防雷建筑物。就超高层建筑而言，《民用建筑电气设计标准》GB 51348—2019作了如下规定：高度超过100m的建筑物应划为第二类防雷建筑物；高度250m及以上建筑物，应提高防雷保护的技术要求。

4.1.2 防雷装置

超高层建筑应按照当地防雷部门的意见，决定是否进行雷电风险评估，并应根据雷电风险评估报告结果进行设计。

防雷装置主要由接闪器、引下线及防雷装置组成，接闪器由独立接闪杆、架空接闪线或架空接闪网、直接装设在建筑物上的接闪杆、接闪带或接闪网中的一种或多种方式组成。接闪器的布置如表4.1-1所示。

表 4.1-1 接闪器的布置

建筑物防雷类别	滚球半径 h_r（m）	接闪网格尺寸（m）
第一类防雷建筑物	30	≤5×5 或≤6×4
第二类防雷建筑物	45	≤10×10 或≤12×8

引下线是连接接闪器和防雷接地装置的金属导体，其作用是构建雷电流向大地释放的通道，宜采用热镀锌圆钢或扁钢，建议优先采用圆钢。建筑物的钢梁、钢柱、消防梯等金属构件，以及幕墙的金属柱，宜作为引下线，但其各部件之间均应连成电气贯通，可采用铜锌合金焊、熔焊、卷边压接、缝接、螺钉或螺栓连接。在电磁兼容要求高的建筑物中，还可以采用同轴屏蔽电缆作为引下线。

此外，利用建筑物钢筋混凝土中的钢筋作为防雷引下线时，应符合下列要求：

（1）钢筋直径为16mm及以上时，应利用两根钢筋（绑扎或焊接）作为一组引下线。

（2）钢筋直径为10mm及以上时，应利用四根钢筋（绑扎或焊接）作为一组引下线。

（3）上部应与接闪器焊接，下部在室外地坪下0.8～1m处焊接出一根直径为12mm或40mm×4mm镀锌导体。

（4）当防雷系统采取等电位联接措施时，应将引入建筑物内金属设备管道及金属建筑构件等连接成等电位体。

（5）玻璃幕墙和屋面可按《建筑物防雷设计规范》GB 50057—2010第4.5.7条第2款处理：不处在接闪器保护范围内的非导电性屋顶物体，当它没有凸出由接闪器形成的平面0.5m以上时，可不要求附加增设接闪器的保护措施。

防雷系统接地装置与大地的交界面，可以使雷电流更有效率地向大地中泄放，并降低这一过程中所产生的次生危害的严重程度。埋于土壤中的人工垂直接地体，宜采用热镀锌角钢、钢管或圆钢；埋于土壤中的人工水平接地体，宜采用热镀锌扁钢或圆钢。

4.1.3 防雷击电磁脉冲

建筑物电子信息系统的防雷设计，应满足雷电防护分区、分级确定的防雷等级要求，避雷区概念如图4.1-2所示。一般根据信息系统所处环境进行雷击风险评估，按信息系统的重要性和使用性质，将信息系统防雷电磁脉冲防护等级划分为A、B、C、D四级，如表4.1-2所示。

表 4.1-2　信息系统防雷电磁脉冲防护等级划分

雷击电磁脉冲防护等级	设置电子信息系统的建筑物
A	① 大型计算机中心、大型通信枢纽、国家金融中心、银行、机场、大型港口、火车枢纽站等； ② 甲级安全防范系统，如国家文物、档案馆的闭路电视监控和报警系统； ③ 大型电子医疗设备、五星级宾馆
B	① 中型计算机中心、中型通信枢纽、移动通信基站、大型体育场监控系统、证券中心； ② 乙级安全防范系统，如省级文物、档案馆的闭路电视监控和报警系统； ③ 雷达站、微波站、高速公路监控和收费系统； ④ 中型电子医疗设备； ⑤ 四星级宾馆
C	① 小型通信枢纽、电信局； ② 大中型有线电视系统； ③ 三星级以下宾馆
D	除上述 A、B、C 级以外的电子信息设备

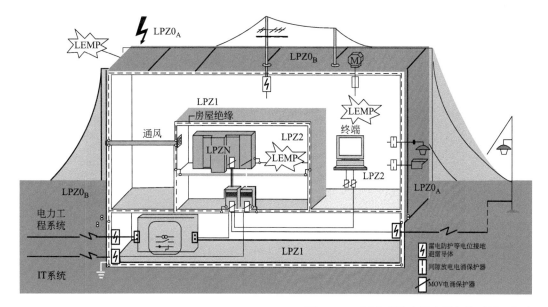

图 4.1-2　以电磁兼容性为导向的避雷区概念

4.1.4　电涌保护器的选择、配合及监测

电子信息设备电源系统电涌保护器通流容量推荐值如表4.1-3所示。

表 4.1-3　电子信息设备电源系统电涌保护器通流容量推荐值

雷电防护等级	总配电箱		分配电箱	设备机房配电箱和需要特殊保护的电子信息设备端口
	LPZ0 与 LPZ1 边界		LPZ1 与 LPZ2 边界	后续防护区的边界
	10/350μs Ⅰ 0/3	8/20μs Ⅱ /20	8/20μs Ⅱ /20	1.2/50μs 和 8/20μs Ⅲ /2
	I_{imp}（kA）	I_n（kA）	I_n（kA）	I_n（kA）
A	≥ 20	≥ 80	≥ 40	≥ 5
B	≥ 15	≥ 60	≥ 30	≥ 5
C	≥ 12.5	≥ 50	≥ 20	≥ 3
D	≥ 12.5	≥ 50	≥ 10	≥ 3

4.1.5 屋顶直升机停机坪防雷策略

对于屋顶设置直升机停机坪的超高层建筑，不仅要考虑建筑物本身的防雷，还要考虑直升机在屋顶停泊时机身的防雷。当屋顶停机坪没有直升机停泊时，停机坪所在平面有可能为建筑物的最高点，按规范要求设置避雷带和避雷针；当直升机在停泊在停机坪时，直升机自身也会采取防雷保护措施，即在机身安装一条避雷带并与屋顶预留防雷连接装置可靠连接。

4.1.6 其他

（1）超高层建筑物中的金属屋面作为接闪器需要满足以下条件：

① 金属板间的连接应为持续的电气贯通，采用绑扎法、螺丝、对焊或搭焊的连接方式。

② 金属板下不应有可燃物品，并且钢板、铜板的厚度大于0.5mm，铝板的厚度大于0.65mm。

③ 金属板下应没有绝缘被覆层。

④ 所有高出屋面的各种金属构件（包括冷却塔、风机、卫星天线、航空障碍灯、擦窗机轨道等）均须与避雷带焊接连通。

（2）玻璃幕墙作为接闪器需要满足以下条件：

① 建筑物玻璃天窗或玻璃顶的接闪器应明敷，网格尺寸符合要求，并通过雷击冲击试验。

② 玻璃幕墙金属框架应为明框结构，网络角点与防雷系统连接，形成电气贯通，电气连接处的直流过渡电阻不应大于0.2Ω。

③ 玻璃幕墙安装高度若超过120m，应做雷击冲击试验。

4.2 接地

4.2.1 高压电气装置的接地

《交流电气装置的接地设计规范》GB/T 50065—2011中规定了电力系统、装置或设备的应接地的部分，主要汇总如下：

① 有效接地系统中部分变压器、谐振接地、低电阻接地及高电阻接地系统的中性点所接设备的接地端子。

② 高压并联电抗器中性点接地电抗器的接地端子。

③ 电机、变压器和高压电器等的底座和外壳。

④ 发电机中性点柜的外壳、发电机出线柜、封闭母线的外壳和变压器、开关柜等（配套）的金属母线槽等。

⑤ 气体绝缘金属封闭开关设备的接地端子。

⑥ 配电、控制和保护用的屏（柜、箱）等的金属框架。

⑦ 屋内外配电装置的金属架构和钢筋混凝土架构，以及靠近带电部分的金属围栏

和金属门。

4.2.2 低压电气装置的接地

（1）附属于高压电气装置和电力生产设施的二次设备等部分可不接地，主要归纳如下：

① 在木质、沥青等不良导电地面的干燥房间内，交流标称电压380V以下、直流标称电压220V以下的电气装置外壳，但当维护人员可能同时触及电气装置外壳和接地物件时除外。

② 安装在配电屏、控制屏和配电装置上的电测量仪表、继电器和其他低压电器等的外壳，以及当发生绝缘损坏时在支持物上不会引起危险电压的绝缘子金属底座等。

③ 安装在已接地的金属架构上，且保证电气接触良好的设备。

④ 标称电压220V及以下的蓄电池室内的支架。

（2）接地网宜优先利用钢筋混凝土中的钢筋作为防雷接地网，当不具备条件时，一般采用圆钢或扁钢作为人工接地极；当利用电梯轨道作接地干线时，应将其连成封闭的回路；电缆井道内的接地干线一般兼作等电位连接干线。人工接地网的外缘应闭合，外缘各角应为圆弧形，接地网的埋设深度不宜小于0.8m。

对于不同种类接地可归纳为：

① 为满足浴室、游泳池等场所对防电击的特殊要求时应设置等电位联结。

② 为避免爆炸危险场所因电位差产生电火花时（如锅炉房、柴发机房等），应设置防静电接地。

③ 满足信息系统防止雷电干扰的要求时（如电话机房、消防控制室等弱电机房），应设置工作接地。

不同场所的接地形式归纳如表4.2-1所示。

表4.2-1　不同场所的接地形式归纳

场所	接地		
电梯	机房接地	工作接地	导轨接地
变电所	机房接地		
柴油发电机房	机房接地	防静电接地	
强电间	机房接地		
弱电机房	机房接地	工作接地	
锅炉房	机房接地	防静电接地	
浴室、卫生间	等电位接地		

4.2.3 接地设计

目前超高层的接地实施主要方案有两种：①利用结构体作为共用接地装置方式，如图4.2-1所示；②设置总等电位箱作为接地装置方式，如图4.2-2所示。

超高层建筑电气设计关键技术研究与实践

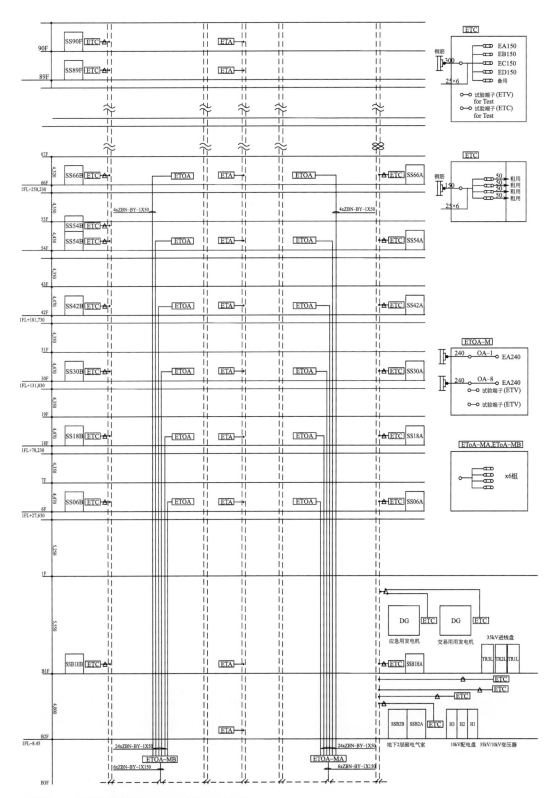

图 4.2-1　利用结构体作为共用接地装置示例

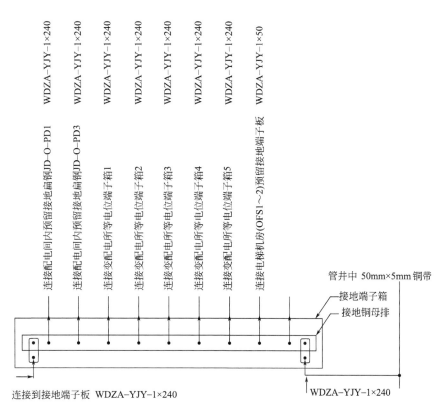

连接到接地端子板 WDZA-YJY-1×240

管井中 50mm×5mm铜带
接地端子箱
接地铜母排

WDZA-YJY-1×240

图 4.2-2　设置总等电位箱作为接地装置示例

4.2.4　接地干线选择

接地导体是系统、装置或设备的给定点与接地极或接地网之间提供导电通路或部分导电通路的导体。导体截面面积选择与通过的电流有关。接地导体通过故障电流时，其截面积应符合保护接地导体最小截面积的规定，并能承受预期故障电流。埋入土壤中的接地导体的最小截面积应符合表4.2-2的要求。

表 4.2-2　埋入土壤中的接地导体的最小截面积

防腐蚀保护	有防机械损伤保护	无防机械损伤保护
有	铜：2.5mm²	铜：16mm²
	钢：10mm²	钢：16mm²
无	铜：25mm²	钢：50mm²

接地干线即连接到总接地端子上的导体，是总接地端子的延伸，功能及其截面积要求与其相同。接地干线可用作保护联结导体或保护接地导体或共用，用作保护等电位网时，宜接环形网络设置。

采用保护等电位联结的每个装置应配置总接地端子，总接地端子与下列导体连接：①保护联结导体；②接地导体；③有关的功能接地导体；④保护接地导体；⑤接地干线。

第5章　电气防灾研究

在超高层建筑内，在发生火灾、恐怖袭击或者地震台风等突发状况时，需要通过自身的机电系统进行人员疏散或者维持工作。下面从火灾自动报警系统、电气设备/设施抗震措施、电气的被动防火系统、灾害时人员疏散与电梯运行方式、消防应急照明和疏散指示系统、气象预测及灾害预知六个方面来对建筑电气的防灾设计进行研究。

5.1　火灾自动报警系统

对于超高层建筑来说，在火灾早期发现并及时报警，火灾发生后消防设备联动控制，尽快灭火是非常重要的。在火灾初期阶段将其扑灭，可赢得宝贵的人员安全疏散时间。所以，超高层建筑内的消防电梯、防烟排烟风机、正压送风机、消防水泵以及防灾设计应急照明等消防设备的安全可靠运行是建筑火灾防控的根本保证。

5.1.1　系统形式的选择和设计要求

超高层建筑应采用集中报警控制系统或者控制中心系统。建筑由于管理需求，设置多个消防控制室时，宜选择靠近消防水泵房的消防控制室作为主消防控制室，其余为分消防控制室。分消防控制室应负责本区域火灾报警、疏散照明、消防应急广播和声光警报装置、防排烟系统、防火卷帘、消火栓泵、喷淋消防泵等联动控制和转输泵的连锁控制。主消防控制室与分消防控制室的集中报警控制器应组成对等式网络。主消防控制室应能自动或手动控制分消防控制室所辖消防设备。设备运行状态及报警信息，除在各分消防控制室的图形显示装置上显示外，应在主消防控制室图形显示装置上显示。超高层建筑设置的转输水泵，应由设置在避难层的转输水箱上的液位控制器控制，转输水泵的控制自成系统，均由主消防控制室控制。各转输水箱上的液位、转输泵的运行信号应在主消防控制室显示。

消防控制室布置图如图5.1-1所示，消防控制室内设置的消防设备包括火灾报警控制器、消防联动控制器、消防控制室图形显示装置、消防专用电话总机、消防应急广播控制装置、消防应急照明和疏散指示系统控制装置、消防电源监控器等设备或具有相应功能的组合设备。消防控制室内设置的消防控制室图形显示装置，应能显示建筑物内设置的全部消防系统及相关设备的动态信息和消防安全管理信息，并接入城市消防远程监控系统；消防控制室应设有用于火灾报警的外线电话。

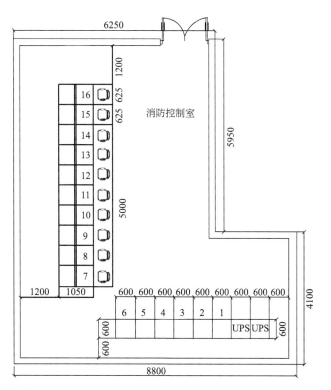

图 5.1-1 消防控制室布置图

1～3—消防机柜；4～6—公共广播机柜；7—应急广播控制器；8—电气火灾监控器；9～12—消防联动控制器；13—火灾报警图形显示装置；14—防火门监控器；15—可燃气体监控器；16—消防专用电话总机

　　消防控制室设置位置需同时满足国家规范和当地规范的要求；消防控制室宜设置在建筑物首层或地下一层，宜选择在便于通向室外的部位。对于高度大于250m的超高层建筑，则明确要求消防控制室需要设置在首层；当不具备设置分消防控制室条件的超高层建筑裙房以上部分，有需求的业态可设置消防值班室。避难层弱电间布置如图5.1-2所示。

　　规范明确集中报警系统和控制中心报警系统中的区域火灾报警控制器在满足下列条件时，可设置在值班室或无人值班的场所：

　　（1）本区域的火灾自动报警控制器（联动型）在火灾时不需要人工介入，且所有信息已传至消防控制室。

　　（2）区域火灾报警控制器的所有信息在集中火灾报警控制器上均有显示。

　　所以，建议超高层建筑各避难层设置区域火灾

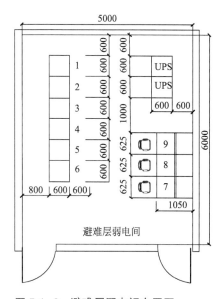

图 5.1-2 避难层弱电间布置图

1—消防机柜；2—广播机柜；3～6—布线、网络机柜；7～9—操作台

报警控制器，且满足每台控制器直接控制的火灾探测器、手动报警按钮和模块等设备不应跨越避难层。主控制室火灾报警控制器接到区域报警控制器的报警后，应自动或手动启动消防设备，并向其他未发生火灾的区域发出指令点亮疏散照明、启动应急广播和警

061

第 5 章　电气防灾研究

报装置。

超高层建筑控制器设置示意如图5.1-3所示。

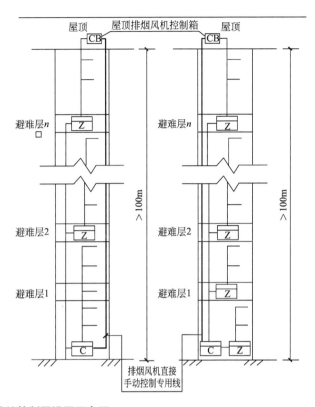

图 5.1-3 超高层建筑控制器设置示意图

从系统故障风险分担角度考虑，超高层建筑的消防报警系统应用环形结构；报警或者联动总线、集中报警控制器与区域报警控制器之间为环形接线。采用环形接线，可提高系统的可靠性，若环形接线发生一点故障，不会影响系统工作。

环形通信方式与树形通信方式优缺点比较如表5.1-1所示。

表 5.1-1 环形通信方式与树形通信方式比较

控制系统形式	环形	树形
可靠性	高	低
成本	高	低
适用范围	适用于规模较大、对可靠性要求较高的建筑物	规模较小、单层面积小的建筑物

5.1.2 消防联动控制

消防联动控制器应能按设定的控制逻辑向各相关的受控设备发出联动控制信号，并接受相关设备的联动反馈信号。消防联动控制器的电压控制输出应采用直流24V，其电源容量应满足受控消防设备同时启动且维持工作的容量要求。各受控设备接口的特性参数应与消防联动控制器发出的联动控制信号相匹配。消防水泵、防烟和排烟风机的控制设备，除采用联动控制方式外，还应在消防控制室设置手动直接控制装置。需要火灾自动报警系统联动控制的消防设备，其联动触发信号应采用两个独立的报警触发装置报警信号的"与"逻辑组合。

（1）由于超高层灭火系统采用传输系统和重力灭火系统，因此灭火设施的联动控制设计应按照给排水专业的控制要求为准，并应满足《民用建筑电气设计标准》GB 51348—2019和《火灾自动报警系统设计规范》GB 50116—2013的相关规定，通过消防联动控制实现给排水专业的设计要求。消火栓泵、消防转输水泵控制功能如图5.1-4所示。

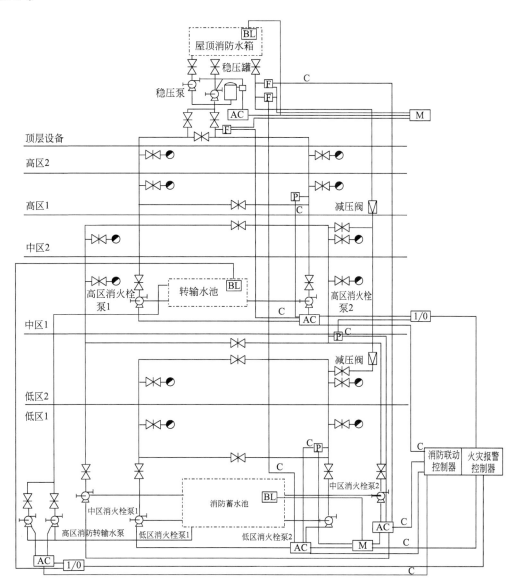

图 5.1-4 消火栓泵、消防转输水泵控制功能图

（2）防烟、排烟设施的联动控制设计应按照暖通专业的控制要求为准，并满足《民用建筑电气设计标准》GB 51348—2019和《火灾自动报警系统设计规范》GB 50116—2013的相关规定。机械加压送风系统联动控制示意图如图5.1-5所示。

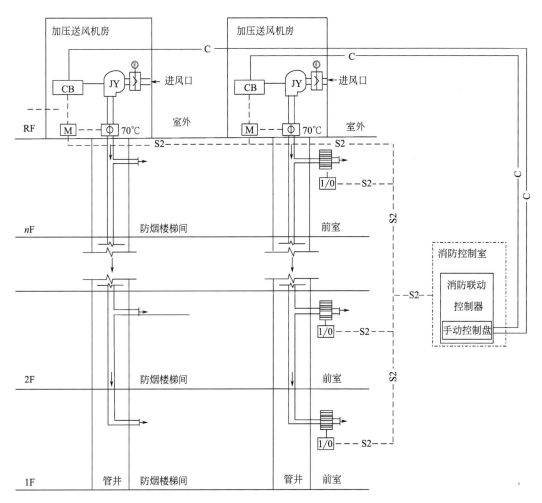

图 5.1-5 　机械加压送风系统联动控制示意图

（3）火灾自动报警系统与安全技术防范系统的联动，当火灾确认后，应自动打开疏散通道上由门禁系统控制的门，并自动开启门厅的电动旋转门和打开庭院的电动大门；自动打开收费汽车库的电动栅杆，宜开启相关层安全技术防范系统的摄像机监视火灾现场。

（4）火灾确认后，应能在消防控制室切断火灾区域及相关区域的非消防电源；火灾发生后，除超高层建筑中参与疏散人员的电梯外，其他客梯应依次停于首层或电梯转换层，并切断电源。

（5）当确认火灾后，由发生火灾的报警区域开始，通过集中控制型消防应急照明和疏散指示系统顺序启动全楼疏散通道的消防应急照明和疏散指示系统，系统全部投入应急状态的启动时间不应大于5s。

（6）确认火灾后启动建筑内的所有火灾声光警报器，应同时向全楼进行广播。

5.1.3　火灾自动报警设施的选择及设置

根据《火灾自动报警系统设计规范》GB 50116—2013要求，设置火灾自动报警设施，由于超高层建筑的特殊性，需要特别关注以下几点：

（1）超高层建筑中的各种垂直竖向通道都应作为重点报警设施。由于超高层建筑的特殊性，需要特别关注以下几点：系统全部投入应急状态的启动时间不应大于5s，应开启相关控制实现给排水专业的设计要求；防排烟风机的控制设备，除应采用联动控制方式外，还应在消防控制室设置手动直接控制装置。需要火灾自动报警系统联动控制的消防设备，其联动触发信号应采用两个独立的报警触发装置报警信号的"与"逻辑组合消防控制室所辖消防设备。电梯竖井、垃圾间、升降机井等每层之间没有楼板相隔的通道，要在其通道上方的机房顶棚或垃圾道前室设置探测器。同时，在这些管井附近的公共区域增设手动报警按钮，加强平时的物业管理。

（2）当发生火灾时，由于所有电梯都停止使用，消防电梯专供消防队员救火使用，因此建筑内的人群只能通过楼梯间疏散。

（3）超高层建筑由于到室外的疏散距离很长，很难做到人员一次性全部安全疏散，因此要求设置避难层。避难层或避难间的主要作用是提供来不及疏散人群的临时避难场所。所以，各避难层内的消防应急广播应采用独立的广播分路；各避难层与消防控制室之间应设置独立的有线和无线呼救通信。

（4）避难层（间）、辅助疏散电梯的轿箱及其停靠层的前室内，应设置视频监控系统，视频监控信号应接入消防控制室，视频监控系统的供电回路应符合消防供电的要求。

（5）旅馆客房内设置的火灾探测器应具有声音警报功能；旅馆客房及公共建筑中经常有人停留且建筑面积大于100m²的房间内，应设置消防应急广播扬声器。

5.1.4　防火门监控系统

从近年来的火灾事故数据和经验总结报告可以发现，因防火门开闭不及时、带故障工作等原因，导致火灾时火势、烟尘得不到有效控制，给扑救火灾及人员疏散逃生带来极大的被动，代价十分惨痛。所以，在超高层建筑中必须安装防火门监控系统。

该系统由常开防火门所在防火分区内的两只独立的火灾探测器或一只火灾探测器与一只手动火灾报警按钮的报警信号，作为常开防火门关闭的联动触发信号，联动触发信号应由火灾报警控制器或消防联动控制器发出，并应由消防联动控制器或防火门监控器联动控制防火门关闭。疏散通道上防火门的开启、关闭及故障状态信号，应反馈至防火门监控器。

5.1.5　电气火灾监控系统

电气线路出现问题往往会导致电气装备的短路、短接、漏电，这些故障都可以引起过热起火，引起火灾。从事故火灾的变化角度来看一般有两大类：一种为渐变型，一种为突变型。如果渐变型故障没有得到及时处理，会逐渐会发展成为突变型故障，并且转变形势是不可逆的，一旦出现，后果严重，因为在转变成突变型故障过程中会出现电能的非正常释放。伴随着泄漏电流的增高，造成接线端子等地方温度的上升，同时还会产生故障电弧，在这些因素的共同作用下，会造成故障点温度迅速增高。产生的故障电弧温度可以达到上千摄氏度，大大超过了周围可燃物的燃点，最终导致火灾的发生。

超高层建筑的电气火灾监控系统由：①电气火灾监控器、接口模块；②剩余电流式电气火灾探测器；③测温式电气火灾探测器；④电弧故障探测器等部分或全部设备组成。工程中①是必选项，①+②+③可组合成一种测剩余电流+测温式电气火灾监控系统。也可由①+③+④组合成一种测电弧故障+测温式电气火灾监控系统。还可根据配电线路火灾危险性分别设置不同的电气火灾探测器，例如大型商场的照明配电线路可采用电弧故障探测器+测温式探测器，动力负荷的配电线路可采用剩余电流式探测器+测温式探测器组合混合式电气火灾监控。

剩余电流式电气火灾监控探测器应以设置在低压配电系统首端为基本原则，宜设置在第一级配电柜（箱）的出线端。当计算电流300A及以下时，宜在变电所低压配电室或总配电室集中测量；300A以上时，宜在楼层配电箱进线开关下端口测量。当配电回路为封闭母线槽或预制分支电缆时，宜在分支线路总开关下端口测量。选择剩余电流式电气火灾监控探测器时，应计及供电系统自然漏流的影响，并应选择参数合适的探制器。

电气火灾监控系统的剩余电流动作报警值宜为300mA。测温式火灾探测器的动作报警值宜按所选电缆最高耐温的70%～80%设定。配电线路中都存在着自然漏流，其直接影响报警的准确性，电气火灾监控系统应采用具备门槛电平连续可调的剩余电流动作报警器；配电线路电缆最高耐温通常为70℃、95℃、105℃、125℃等级别，测温式火灾探测器的动作报警值应具备0～150℃连续可调功能。

具有探测线路故障电弧功能的电气火灾监控探测器，其保护线路的长度控制在100m内。

电气火灾监控系统的控制器应安装在建筑物的消防控制室内，宜由消防控制室统一管理。

5.1.6 消防电源监控系统

自动报警系统、自动喷洒系统、消防事故广播系统、防排烟系统、气体灭火系统、消火栓系统、应急照明系统等多个消防安全系统的正常工作，是建筑消防安全的关键，而消防控制室的火灾报警系统以及相关的消防联动设备能否正常工作，又取决于消防设备电源的工作状态。因此，在火灾情况下，如果消防设备电源不能可靠、稳定地工作，投入大量资金的消防设施可能形同虚设。消防设备电源失控造成消防设备失灵，致使火灾蔓延的事故也一直屡见不鲜。

超高层建筑的消防控制室内设置消防电源监控器，在变电所消防设备主电源、备用电源专用母排或消防电源柜内母排，为重要消防设备如消防控制室、消防泵、消防电梯、防排烟风机、非集中控制型应急照明、防火卷帘门等供电的双电源切换开关的进线侧与出线侧；无巡检功能的EPS应急电源装置和消防联动设备供电的直流24V电源的输出端等。

5.2 电气设备/设施抗震要求

超高层建筑多为钢结构，当受到风荷载时，建筑物做摆动运动。结构偏移量弧度极限值为1/800，即每米极限变形量为1.25mm，建筑物越高，其偏移量越大。为贯彻执行《中华人民共和国建筑法》和《中华人民共和国防震减灾法》，以减轻地震和风力引起的建筑物摆动引起的破坏、防止次生灾害的发生、避免人员伤亡、减少经济损失，除了满足《建筑机电工程抗震设计规范》GB 50981—2014的相关规范要求外，应对以下几点内容进行重点考虑：

电气装置底部通过机械锚栓或者预埋件固定在结构楼板或者梁上。当无法与结构楼板或者梁连接时，应采用L形抗震防滑角铁进行限位，同时将成排布置的几个配电装置在重心位置以上连成整体；确保固定电气装置的预埋件、锚固件将装置所受的地震作用全部传递到主体结构内。

配电柜非靠墙固定安装示意图如图5.2-1所示。

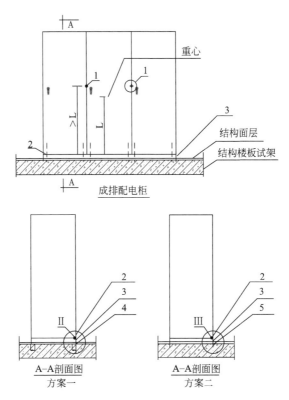

图 5.2-1　配电柜非靠墙固定安装示意图

1—螺栓；2—螺栓；3—槽钢；4—预埋件；5—机械锚栓
注：1. 配电柜需通过机械锚栓或预埋件固定在面层以下的结构楼板或梁上。
　　2. 柜体尺寸由设计确定，当8度或9度时，将几个柜在重心位置（L）以上连成整体。
　　3. 配电柜内的元器件应考虑与柜体结构间的相互作用，元器件之间采用软连接，接线处做防震处理。配电柜面上的仪表与柜体组装牢固。
　　4. 成排配电柜端头和两柜之间设置预埋件，独立配电柜四角设置预埋件。

（1）采用抗震支吊架以减少因风力或者地震而引起的对超高层建筑摆动对配电线路造成的影响；在电缆桥架（电缆梯架、电缆托盘和电缆槽盒）内设置的线缆在引进、引出和转弯处，应穿可弯曲金属导管，并在长度上留有余量；接地线应采取防止地震时被切断的措施。

（2）垂直线路尽量减少使用母线槽，而优先使用电缆沿桥架敷设；如必须采用母线槽供电，应使用弹簧吊架或者橡胶吊架固定母线槽，以提高整体抗震能力，同时可以防止风荷载的作用。当采用母线敷设且直线段长度大于80m时，应每50m设置伸缩节。竖向母线槽的安装示意图如图5.2-2所示。

（3）配电装置至用电设备间连线应采用软导体；当线路采用穿金属导管敷设或者电缆梯架或电缆槽盒敷设时，进口处应转为挠性线管过渡。

超高层建筑电气设计关键技术研究与实践

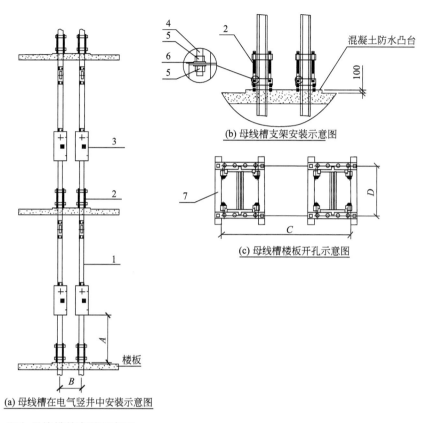

(a) 母线槽在电气竖井中安装示意图

(b) 母线槽支架安装示意图

(c) 母线槽楼板开孔示意图

图 5.2-2 竖向母线槽的安装示意图

1—母线槽；2—母线支架；3—插接箍；4—螺杆；5—螺母；6—弹簧垫圈；7—槽钢

室内电机明安装示意图如图5.2-3所示。

5.3 被动防火系统设计

建筑的防火设计包括建筑的总平面布局、被动防火系统、主动防火系统和安全疏散系统。被动防火是指通过使用耐火的墙壁、地板和门及其他，遏制火灾或减缓火焰的传播，是建筑物中结构防火和火灾安全的一个不可分割的组成部分。

目前，我国以及大多数国家的建筑规范或者防火规范均通过规定建筑和装修材料的燃烧性能指标、防火分隔（如墙体、楼板等进行水平和竖向分隔）、防火分区面积、建筑构件的耐火性能等，对建筑物内部的火灾发生和蔓延进行控制和预防。

建筑电气设计中有关被动防火系统主要涉及以下内容：电线电缆的燃烧性能要求、电气竖井或者配电间的防火门和防火墙的设置要求、电气管线槽穿越楼板或防火墙的防火封堵。

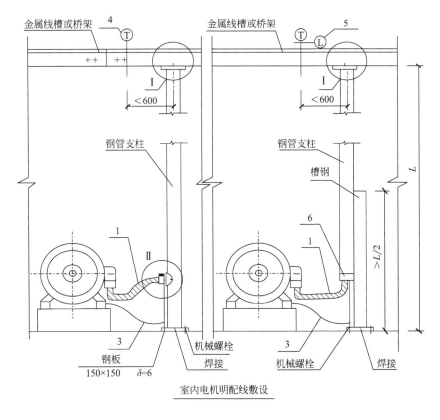

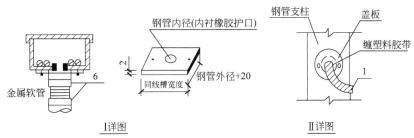

I详图   II详图

图 5.2-3 室内电机明安装示意图

1—缠塑料胶带；2—接地夹；3—接地线；4—侧向抗震支吊架；5—纵向抗震支吊架；6—直接头连接器

5.3.1 电线电缆的燃烧性能要求

电线电缆经常由于材料的老化或者使用环境的问题，导致电线电缆绝缘性能下降，造成电线电缆在运行时短路而引起火灾，火势沿电线电缆线路蔓延更增加了火灾的危险性。同时，电线电缆的绝缘层在燃烧过程中会释放出大量的烟雾，产生大量的烟气和有毒气体，严重影响人员疏散，给火场逃生和抢险救援带来很大困难，因此在超高层建筑中为防止火灾蔓延，应选择相应燃烧性能等级的电力电缆、通信电缆和光缆。其主要措施有以下几点：

（1）配电线路敷设在有可燃物的闷顶、吊顶内时，应采取穿金属导管、采用封闭式金属槽盒等保护措施。

（2）在桥架内或竖井内成束敷设电缆应选用阻燃级别为A级的电缆。

（3）应选择燃烧性能B1级及以上、产烟毒性为t0级、燃烧滴落物/微粒等级为d0级的电线和电缆；避难层的电线电缆在明敷时（包括敷设在吊顶内），穿金属导管或采用封闭式金属槽盒保护，如不能在金属导管或采用封闭式金属槽盒时需采用燃烧性能A级的电缆；建筑物内水平布线和垂直布线选择的电线和电缆的燃烧性能应一致。

（4）250m超高层建筑中的消防电梯和辅助疏散电梯的供电电线电缆应采用燃烧性能为A级、耐火时间不小于3h的耐火电线电缆，其他消防供配电电线电缆应采用燃烧性能不低于B1级，耐火时间不小于3h的耐火电线电缆。

5.3.2 防火墙和防火门的设置要求

防火墙是防止火灾蔓延至相邻建筑或相邻水平防火分区且耐火极限不低于3h的不燃性墙体，其作为分隔水平防火分区或防止建筑间火灾蔓延的重要分隔构件，对于减少火灾损失发挥着重要作用。防火门是指在一定时间内能满足耐火稳定性、完整性和隔热性要求的门。防火墙和防火门均起到阻止火势蔓延和烟气扩散的作用，可在一定时间内阻止火势的蔓延，确保人员疏散。

超高层建筑中的电气设备如发电机、变压器、配电柜/箱、控制箱等，主体结构一般都是金属构架及金属外壳，但内部开关及配件、电路板主体多为塑料，另外电气用房内的大量电线电缆也是引起火灾的主要物质。电气用房外的火灾也会给电气用房内的变配电设备的正常运行带来影响，因此为了降低火灾蔓延的危害和影响，电气用房必须采用有一定耐火时间要求的防火墙和防火门进行防火分隔。

消防控制室、变配电室应采用耐火极限不低于2h的防火隔墙和1.5h的楼板与其他部位分隔。变配电室开向建筑内的门应采用甲级防火门，消防控制室和其他设备房开向建筑内的门应采用乙级防火门。

电气竖井的井壁应为耐火极限不低于1h的非燃烧体。竖井在每层楼应设维护检修门并应开向公共走廊，其耐火等级不应低于丙级。超过250m的超高层建筑电气竖井的防火要求需要提高，其中井壁耐火极限不低于2h，防火门的耐火等级为甲级。

5.3.3 电气管线槽穿越楼板或防火墙的防火封堵要求

统计表明，电线电缆起火或被外部火源引燃继而蔓延成灾的火灾占各类电气火灾的40%。电缆井内分布有各种动力、照明以及通信电线电缆，其外包覆绝缘材料一般采用塑料、橡胶等可燃材料制成，即使是阻燃电线电缆与耐火电缆，也都存在着一定的火灾危险性，电线电缆起火后会产生大量高温有毒的烟气，在垂直竖井内烟气的扩散速度可达3～4m/s，在较短的时间内即可发展为猛烈的立体火灾。

建筑孔洞防火封堵是为了防止火灾蔓延扩大灾情，保证消防安全的重要环节。防火封堵用于封堵各种贯穿物，如电缆等穿过墙（仓）壁、楼（甲）板时形成的各种开口以及电缆桥架的防火分隔，以避免火势通过这些开口及缝隙蔓延。在对建筑电缆孔洞进行封堵的时候，采用的材料包括阻火包、无机防火堵料和有机防火堵料、发泡砖、防火包带、阻火模块等。

20世纪80年代中期，北美洛杉矶米高梅大酒店（MGMGRAND HOTEL）火灾中85人死亡，大火从1F烧起，68人窒息死于23F。原因是有毒的烟气通过幕墙接缝、电缆贯穿口和各种管道向上蔓延。防火封堵的意义在于当火灾发生后，有效限制火势和火灾中产生的有毒烟气的蔓延，从而保护起火源以外区域的人员和设备的安全。

下列情况下的电气管线槽，应采取防火封堵措施，如图5.3-1所示：

（1）穿越不同的防火分区处；

（2）沿竖井垂直敷设穿越楼板处；

（3）穿越耐火极限不小于1h的隔墙处；

（4）穿越建筑物的外墙处；

（5）电缆敷设至建筑物入口处，或至配电间、控制室的沟道入口处；

（6）电缆引至电气柜、盘或控制屏、台的开孔部位。

母线穿越楼板的防火封堵

电缆桥架穿楼板防火板封堵

1—耐火隔板；2—防火堵料(防火泥)；3—支架；4—矿棉或玻璃纤维；5—耐火板或钢板；6—防火涂料

桥架外防火效果

桥架内部防火效果

图 5.3-1　防火封堵

电气管线槽在穿越楼板或者防火墙处均需要采用不燃材料或者防火封堵材料进行封堵，封堵材料的耐火极限不应低于电气管线槽所穿过的隔墙、楼板等防火分隔体的耐火极限；防火封堵处应采用角钢或槽钢托架进行加固，并应能承载检修人员的荷载；角钢或槽钢托架应采用防火涂料处理。

电缆引至电气柜、盘或控制屏、台的开孔部位采用的防火封堵材料，其最低耐火极限不应低于1h。

相关防火封堵措施需满足《建筑防火封堵应用技术标准》GB/T 51410—2020的第5.3-1～5.3-6条要求。

5.4 灾害时人员疏散与电梯运行方式

在遭受火灾、恐怖袭击等突发事件时，超高层建筑所面临的安全问题愈加严峻。以楼梯为主的传统疏散逃生方式，基本上无法将建筑内的所有人员快速而安全地疏散至安全区域，而且残疾人、老人和孕妇等行动能力受限人群也难以使用楼梯迅速疏散。因此，寻找新的疏散方式突破现有疏散的局限，提高超高层建筑的安全疏散能力成为当今的迫切需要。电梯运送时间短的特点，对于高层建筑，尤其是30层以上的高层建筑中人员的疏散具有重要的意义，因为在火灾等危急情况下，时间往往可以决定一切。同时，电梯疏散不受逃生人群的性别、年龄、健康状况和类型等的影响，具有广泛的适用性，也是其一项突出的优点。

利用电梯进行疏散，各国都开展了长时间的研究，目前还存在一定的争议，但对在一定条件下可使用电梯进行辅助疏散的看法基本趋于一致。1994年，美国的John H. Klote等人提出了电梯紧急疏散系统（Emergency Elevate Evacuation Systems，EEES）的概念，并对其进行了研究，探索了利用电梯进行高层建筑人员疏散问题的可能性。之后，又有许多学者从事高层建筑的电梯疏散系统的研究，并对其概念进行了发展和延伸。在美国，2009年新发布的NFPA101《生命安全规范》的附录B中，新添加了一条说明"在火灾情况下，可以有条件地使用电梯"。在国内，公安部四川消防研究所主持的"十二五"课题《高大综合性建筑和大型地下空间消防技术研究》中，关于电梯用于火灾工况下的紧急疏散已经作为一个重要内容，列入其中展开研究。

我国部分已建成和在建的超高层建筑也在利用电梯进行辅助疏散方面进行了尝试，积累了一定经验，如上海中心大厦、上海环球金融中心、深圳平安国际金融中心、天津周大福金融中心、北京中国尊等。因此在《建筑高度大于250m民用建筑防火设计加强性技术要求（试行）》（公消〔2018〕57号）结合消防电梯及其设置要求，规定了辅助疏散电梯的设置要求，要求在建筑高层主体的每个防火分区应至少设置一部可用于火灾时人员疏散的辅助疏散电梯。

辅助疏散电梯平时可以兼作普通的客梯或货梯，但需要制定相应的消防应急响应模式与操作管理规程，确保辅助疏散电梯在火灾时的安全使用。在火灾时辅助疏散电梯仅停靠首层和避难层，以及根据操作管理规程需要在火灾时紧急停靠的楼层。同时要求辅助疏散电梯除满足现行国家标准《建筑设计防火规范》GB 50016—2018有关消防电梯及其设置要求外，轿厢内还需要设置消防专用电话分机、电梯的控制与配电设备及其电线电缆应采取保护措施、供电电线电缆应采用燃烧性能为A级、耐火时间不小于3.0h的耐火电线电缆等要求。

鉴于目前国内外的设计现状，疏散电梯主要用于非火灾预案时的人员紧急疏散，火灾时应以疏散楼梯为主要疏散方式，电梯作为辅助疏散方式，如何组织人流最高效地利用这两种疏散方式疏散，主要取决于疏散电梯这种新兴疏散方式的有效管理。以下为参考国内外已有的事例对火灾及极端情况下的电梯疏散操作性，给出的具体步骤。

1. 应急预案

在大厦运营前，应针对不同风险制定相应的应急预案，组建相应的快速反应团队，以便在紧急疏散时管理、疏导人流。

以下为不同危机事件所需采取的处理预案。预案中将危机归纳为四种类型：建筑楼宇系统及设备故障、人员安全相关、恐怖袭击、自然灾害。对这四种危机类型所需采取的措施如图5.4-1所示。

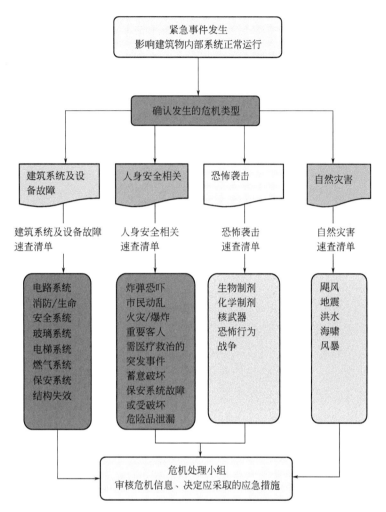

图 5.4-1 应对四种危机所采取的措施

2. 应急反应团队

大厦应该具有合理有效的应急管理组织和人员，负责大楼的消防设施的运行维护、防火、火灾救援和消防演练，更重要的是有计划地培训员工的消防应急知识，包括火灾的一些基本知识，火灾应急预案及各自岗位的技能培训。有必要通过操作演练，强化相关人员的火灾应急能力。这样，相关人员，尤其是疏散电梯操作人员和现场导流人员，在接到指令后迅速到达自己的岗位，并能熟练履行各自的职责。大厦内常驻人员应具有正确使用电梯疏散的意识和技能，对于观光人员及酒店客人，应设有明确的标志和文字以说明疏散电梯的简单使用方法。

应急管理团队由消防控制中心、应急管理团队、分区紧急响应小组、设备维护小组、外部联络小组、危机公关小组等组成。

3. 疏散电梯操作

疏散电梯操作应服从于大楼整体紧急预案。一旦发生火灾或其他紧急情况，应根据大楼应急预案，确定哪些疏散电梯投入使用，投入使用的疏散电梯应立即迫降首层，并由专门的电梯操作员操作。在火灾情况时，疏散电梯只停于首层及所在区域避难层。

电梯操作员需配备有扬声器、即时双向通信系统，以有效组织人流，保持与控制中心的联系。除此之外，为了强调安全，必须确保电梯门上的感应器确认无障碍和不超重后，才能关闭电梯门运行。

除电梯操作员外，为保证电梯的顺利运行，应急疏散时应配备有大厦快速响应团队人员，在各避难区域负责组织人员分流，安抚在电梯前排队等候的人群，避免发生混乱、踩踏情况。

4. 智能产品的引入

智能产品的使用可以有效地引导人员疏散，提高疏散效率，也便于应急管理人员组织人员疏散。目前，智能产品包括下列产品：

（1）集中控制型疏散指示标志、电子显示屏，随着不同的情况可以提供最佳的疏散路线。

（2）广播系统，电梯的电脑控制程序，可以控制电梯的停层。

（3）完整的楼宇自动化控制系统。

5.5　消防应急照明和疏散指示系统

与常规建筑相比，超高建筑受其高度影响，建筑结构复杂，且一般具备多种业态功能（如办公、商业、酒店、地下车库等），人员流动性较大，建筑设备繁多。一旦发生火灾，基于"烟囱效应"，火灾烟气向上蔓延速度快，扑救难度大，人员疏散困难，将直接威胁楼内人员的生命及财产安全，因此如何快速安全地将人员疏散至安全区域极其重要。

通过应用现代技术手段，设置合理的消防应急照明和疏散指示系统是电气设计师的首要任务，在遭受火灾、恐怖袭击等突发事件时，可为人员的安全疏散和灭火救援行动提供必要的照明条件及正确有序的疏散指示信息，引导火灾中惊慌失措的人员安全疏散和逃生自救，最大限度地降低火灾带来的危害。

消防应急照明和疏散指示系统是辅助人员安全疏散的建筑消防系统之一，该系统由消防应急灯具、消防应急标志灯具、应急照明配电箱、应急照明集中电源等相关装置构成，其主要功能是在火灾时提供必要的照度及正确的疏散指示信息。基于此功能，该系统可分为备用照明及疏散照明。备用照明设置在消防状态下仍需要值守和继续工作的场所，疏散指示标志灯和疏散通道照明需要设置在确保人员安全疏散的出口和通道区域。

考虑到供电可靠性、后期运维成本，超高层消防应急照明和疏散指示系统应采用集中电源集中控制型系统。以下内容均按照集中电源集中控制型系统进行考虑。

5.5.1　消防应急照明灯具持续工作时间确定

考虑到在非火灾状态下，系统主电源断电后，集中电源联锁控制其配接的非持续型照明灯的光源应急点亮，持续型灯具的光源由节电点亮模式转入应急点亮模式。灯具持续应急点亮时间为0.5h；同时考虑规范要求在火灾状态时灯具应急启动后，蓄电池电源供电时的持续工作时间不应小于1.5h且不低于大楼的最大疏散时间。

综上，集中电源的蓄电池组达到使用寿命周期后标称的剩余容量，应保证放电时间满足1.5h且不低于大楼的最大疏散时间+0.5h的持续工作时间。

5.5.2 消防应急照明灯具选择

消防应急灯具按电源电压等级分类，可以分为A型灯具和B型灯具。A型消防应急灯具是指主电源和蓄电池电源额定工作电压均不大于DC 36V的消防应急灯具，B型消防应急灯具指主电源或蓄电池电源额定电压大于DC 36V或AC 36V的消防应急灯具。

为防止电击事故，距地面8m及以下的灯具应选择A型灯具。超高层建筑首层大堂及顶层多功能厅等空间高度大于8m的场所，为满足地面疏散照度要求，可选择工作电压及功率较高的B型消防灯具。另外，在疏散走道地面上增设保持视觉连续的灯光疏散指示标志不应采用自带电源型。因为蓄电池自身存在的一些安全隐患问题，如充放电环节中因在封闭空间散热不良引发火灾，或因地面有积水导致灯具外壳发生导电现象，侵蚀灯具内蓄电池造成引发爆炸事故等，在地面上设置的标志灯应选择集中电源的A型灯具。

备用照明灯具设置于顶棚或墙面上，备用照明可与正常照明灯具合用一套灯具，发生火灾时保持正常照度。在机房或消防控制中心等场所设置的备用照明，当电源满足负荷分级要求时，无需采用蓄电池组供电。

5.5.3 消防应急照明的照度

超高层建筑相关疏散照明地面水平最低照度可按照表5.5-1中的照度值进行设计。

表 5.5-1　参考照度值

设置部位或者场所	地面水平最低照度（lx）
屋顶直升机停机坪	10
楼梯间、前室或合用前室	10
避难走道、避难层	10
疏散走道	5
面积大于200m² 的营业厅、餐厅 面积大于400m² 的办公大厅、会议室	5
配电室、消防控制室、消防水泵房、自备发电机房	1
宾馆或酒店的客房	1

屋顶直升机停机坪布灯示意图如图5.5-1所示，避难层布灯示意图如图5.5-2所示。

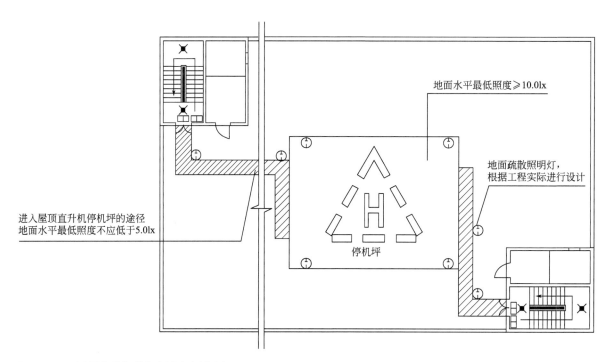

地面水平最低照度≥10.0lx

地面疏散照明灯，
根据工程实际进行设计

进入屋顶直升机停机坪的途径
地面水平最低照度不应低于5.0lx

停机坪

图 5.5-1 屋顶直升机停机坪布灯示意图

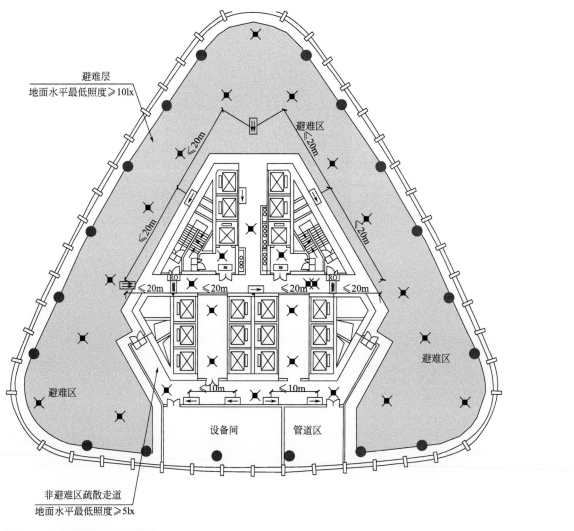

避难层
地面水平最低照度≥10lx

避难区

避难区

避难区

设备间

管道区

非避难区疏散走道
地面水平最低照度≥5lx

图 5.5-2 避难层布灯示意图

消防控制室、消防水泵房、自备发电机房、配电室、防排烟机房以及发生火灾时仍需正常工作的消防设备房，应设置备用照明，其作业面的最低照度不应低于正常照明的照度。

避难区和屋顶直升机停机坪设置的备用照明，其地面最低照度不应低于正常照明的照度的50%。

配电室布灯、消防控制室布灯示意图如图5.5-3、图5.5-4所示。

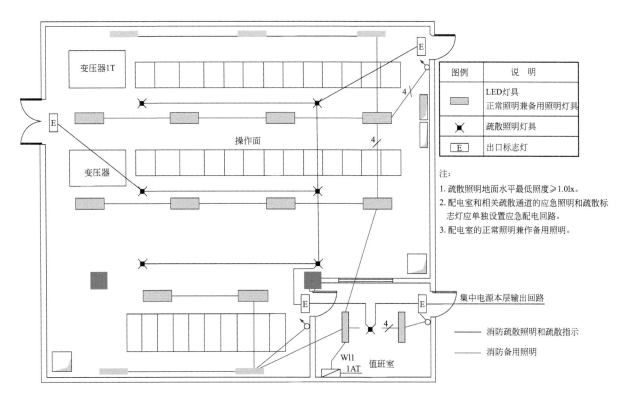

图 5.5-3　配电室布灯示意图

5.5.4　标志灯设置原则

标志灯应设在醒目位置，应保证人员在疏散路径的任何位置、在人员密集场所的任何位置都能看到标志灯。

（1）出口指示灯需设置在以下位置：在敞开楼梯间、封闭楼梯间、防烟楼梯间、防烟楼梯间前室入口、室外疏散楼梯出口、直通室外疏散门的上方；避难层、避难间、避难走道防烟前室、避难走道入口的上方；观众厅、展览厅、多功能厅和建筑面积大于400m²的营业厅、餐厅、演播厅等人员密集场所疏散门的上方。

（2）方向标志灯的设置应符合下列规定：设置在走道、楼梯两侧距地面、梯面高度1m以下的墙面、柱面上；当安全出口或疏散门在疏散走道侧边时，应在疏散走道上方增设指向安全出口或疏散门的方向标志灯；方向标志灯的标志面与疏散方向垂直时，灯具的设置间距不应大于20m；方向标志灯的标志面与疏散方向平行时，灯具的设置间距不应大于10m。

（3）楼梯间每层应设置指示该楼层标志灯和方向标志灯。

（4）人员密集场所的疏散出口、安全出口附近应增设多信息复合标志灯具。

（5）避难间的入口处应设置明显的指示标志。

疏散指示标志如图5.5-5所示。

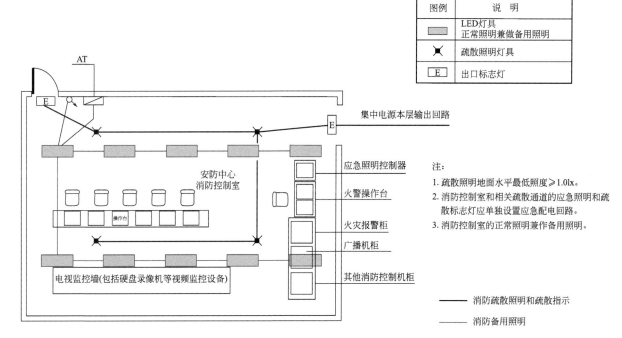

图例	说　明
▭	LED灯具 正常照明兼做备用照明
✕	疏散照明灯具
E	出口标志灯

集中电源本层输出回路

应急照明控制器

火警操作台

火灾报警柜

广播机柜

其他消防控制机柜

安防中心
消防控制室

操作台

电视监控墙(包括硬盘录像机等视频监控设备)

注：
1. 疏散照明地面水平最低照度≥1.0lx。
2. 消防控制室和相关疏散通道的应急照明和疏散标志灯应单独设置应急配电回路。
3. 消防控制室的正常照明兼作备用照明。

—— 消防疏散照明和疏散指示

── 消防备用照明

图 5.5-4　消防控制室布灯示意图

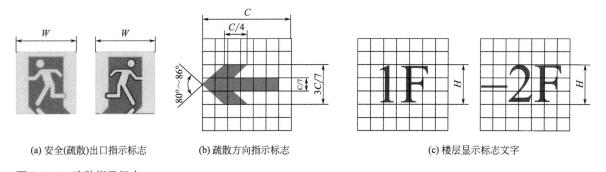

(a) 安全(疏散)出口指示标志　　(b) 疏散方向指示标志　　(c) 楼层显示标志文字

图 5.5-5　疏散指示标志

5.5.5　消防应急照明配电系统以及控制

配电室、自备发电机房、消防水泵房、消防控制室等场所在建筑发生火灾时需要继续保持正常工作，消防电梯及其前室、辅助疏散电梯及其前室、疏散楼梯间及其前室、避难层（间）是火灾时供消防救援和人员疏散使用的重要设施，故这两类场所的应急照明和灯光疏散指示标志，采用独立的供配电回路，以提高供电安全和可靠性。楼梯间的竖向配电系统统一由设置在首层和避难层的集中电源提供；集中电源额定输出功率不应大于5kW；设置在电缆竖井中的集中电源额定输出功率不应大于1kW；集中电源的输出回路不应超过8路。

避难间（层）及配电室、消防控制室、消防水泵房、自备发电机房等发生火灾时仍需工作、值守的区域设置备用照明的供电电源，可取自该场所内消防用电设施供电装置的电源侧。

消防应急照明和疏散指示系统控制分为火灾状态下联动控制方式及非火灾状态下联动控制方式。

当确认火灾发生时，由火灾报警控制器或火灾报警控制器（联动型）的火灾报警输出信号作为系统自动应急启动的触发信号。应急照明控制器接收到火灾报警控制器的火灾报警输出信号后，控制所有非持续照明灯的光源应急点亮，持续型灯具的光源由节点点亮模式转入应急点亮模式。

在非火灾状态下，当该区域正常照明电源断电后，集中电源连锁应急照明灯点亮，点亮时间为0.5h。为了保障在此期间突发火灾给系统留有足够的火灾应急照明时间，当应急灯点亮超过0.5h后，应联锁光源熄灭。当系统主电源恢复后，应急照明灯具连锁恢复原工作状态，如图5.5-6所示。

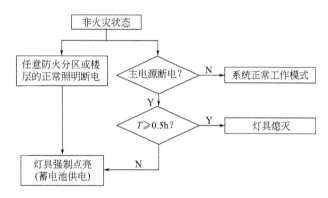

图5.5-6 非火灾状态下消防应急疏散及指示系统控制流程图

T—持续时间

鉴于可变换指示方向的疏散指示标志在我国工程实践中尚存在一定问题，因此规定超高层建筑内不应采用此类疏散指示标志。

5.6 气象预测及灾害预知

超高层建筑中一般设有城市观光区，观光区域并不一定设置在室内，而且处于超高层的顶部，甚至有较多的观光平台设置室外。由于高处的气象情况与地面相差较大，特别的气温、风力、雷电突变，而造成的气象灾害不可预知性，因此在观光部位可设置小型气象站，增加安全设施。原理图如图5.6-1和图5.6-2所示。

5.6.1 系统设备

1. 大气电场仪

（1）大气电场仪通过转动的叶片切割磁力线产生电磁感应，可以实时探测、记录

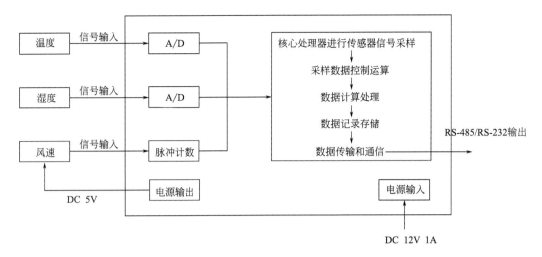

图 5.6-1 风速温湿度采集原理图

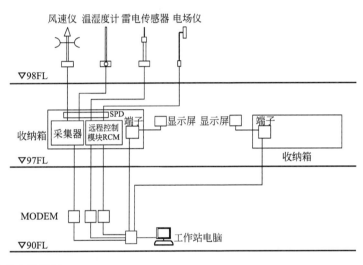

图 5.6-2 气象收集系统图

并报告云地之间的电场强度。通过探测周围大气电场强弱变化来监测在中心位置头顶形成的雷暴,雷暴来临之前,当大气电场强度超过一定阈值时设备会自动告警,从而起到预警作用。

(2)通常作为雷电传感器的辅助装备安装在中心区以及需要重点保护的地点,并通过RS-232(也支持RS-422或RS-485)串口将数字信号传送到预警工作站。

2. 雷电传感器

(1)雷电传感器内置环形天线和光传感器能捕捉到闪电释放出的磁场、电脉冲和光信号,经过逻辑电路的判断、识别、计算,从而得到闪电信息。由于本身具有的计算处理数据功能,它可以独立地与一台个人电脑连接通过 I/O 口直接实现人机对话以及闪电信息的显示和保存。雷电传感器通过串口输出ASCII码。

(2)雷电传感器支持RS-232-C和RS-422串口输出经过计算的闪电信息。当工作站与雷电传感器的距离不超过15m时可以通过计算机RS-232串口与雷电传感器相连。如果超过15m不超过1km，则可以通过RS-422方式。

3. 自动气象站

（1）温度传感器采用铂电阻作为温度测定传感器，温度外面有百叶箱保护。铂电阻具有较高的稳定性和良好的复现性。随温度变化，铂电阻的阻值也发生变化，在一定测量范围内，温度和阻值是呈线性关系的。配备精密的恒流源使模拟电压和温度呈线性关系，通过A／D转换，经采集器CPU解算处理，得到相对应的温度值。

（2）风速传感器采用三杯回转架式风速传感器，利用光电脉冲原理，风杯带动码盘转动，光敏元件受光照后输出脉冲，经采集器CPU根据相应的风速计算公式解算处理，获得相应风速值。

（3）湿度传感器采用湿敏电容作为测湿传感器。由于空气湿度变化使湿敏电容值改变，在一定测量范围内，空气相对湿度和湿敏电容值是对应关系，经电路转换为湿度与频率对应关系，经F/V转换将标准模拟电压送给A/D后，再经采集器的CPU解算处理，得到相应的湿度值。

（4）采集器主要采用高精度和高分辨率的智能型数据采集器，包括：1个用于数据处理的ATMEL核心处理器，6个模拟传感器输入通道，1个用于测量频率信号的接口，1G的工业级Flash存储卡，主要功能是完成对接入设备的传感器信号采样、对采样数据进行控制运算、数据计算处理、数据记录存储，实现数据传输和通信，并能够监测自身和系统的电源电压和主板温度等基本的信息。气象参数采集器具备8个RS-232或RS-485基本串口，满足数据传输接口的基本需求。

5.6.2　系统合成

由提供雷电预测系统的单位进行气象预测系统的整合及调式，对现时的气象情况实现中/英文滚动播出；同时提醒游客是否可以走出室外平台，或因局部天气突变原因，紧急召回游客；显示画面的构成，可与业主进行沟通确认。

第6章 物业管理及维护

6.1 功能概述

超高层建筑项目体量大，有独栋建筑，也有与其他塔楼组成建筑群的。同时，超高层建筑包含多种业态，常见的有办公（包含出售办公和出租办公）、商业（常见于超高层项目裙房部分）、酒店、公寓等。多种业态汇聚一起，各电气系统（包括供配电系统及各类监控系统）分界面划分是重点，尤其是在设计之初，物业运营界面尚未最终确定的情况下，设计既要保留灵活性，又不要过于分散。就电气系统而言，上述物业管理界面主要影响的内容包括供配电系统、应急柴油发电机系统及各种监控管理系统。

根据建筑功能业态，物业管理分设系统，权属明确，机电系统独立简单，易实现独立计量，便于日后的运营管理，有利于营销，亦可分期开发，且对物业管理服务水平要求低。缺点是机电系统均须独立设置，设备机房面积相对较多，初期投资的成本增加。但从开发、建设、销售方面，灵活性增加，满足大单销售的要求。

统一物业管理，机电系统合用，各塔楼机电系统统筹考虑，可以节约机房面积，减少初期投资。缺点是由于建筑体量大、综合性强，机电系统相对较为复杂且要求高，不易实现独立计量，只能按面积测算并分摊运行费用。另外，机电系统不独立易造成运营界面分割困难，设备维护保养工作易出现纠纷。各塔楼无法分期开发，必须整体开发，不利于营销，另外对物业管理服务水平有较高要求。从开发、建设、销售方面来看，有较大的局限性。

结合当前超高层项目建设特点，从开发、建筑、销售、管理等方面综合考虑，采用机电系统及物业管理分设的方案更为合适。

6.2 电气系统典型分界面

6.2.1 市政供电电源

根据上述分析的超高层常见功能，针对不同物业，供电有其不同要求。绝大多数超高层项目中的酒店，往往是由酒店管理公司独立运营，一般要求市政供电电源从进线侧就要分开，不与其他物业共用。其他物业（业态），一般供电可以考虑合用市政电源，在项目用户站内再行分配。

对于35kV供电，因其每路所带负荷容量大，一般降压至10kV后再行分配。而对于10kV/20kV供电等级，由于其带载容量有限，而超高层每个功能区容量大，供电从市政电源就分开了。此类超高层建筑往往会要求同时多路10kV/20kV同时进线，具体视项目规模及用电需求、当地供电情况确定。而对于110kV供电的项目，一般为2路独立110kV进线，设立用户110kV站，此类项目一般分界面在10kV侧，如徐家汇中心虹桥路地块项目、天津117大厦等。

6.2.2 自备应急电源

超过250m的超高层建筑，需要设置应急柴油发电机，为应急负荷及重要负荷供电。五星级酒店一般会要求单独设置酒店专用柴油发电机，作为酒店重要负荷的备用电源及应急电源。而随着越来越多的银行、金融中心、交易中心、基金公司、保险公司等金融机构租户入驻超高层商务楼，需要为此类特殊租户提供客户重要负荷的备用电源。基于商业方面的各项不确定因素，通常向特殊租户提供备用电源的方式为预留空间，为租户将来安装备用应急发电机所用，其相关的新风系统、排烟系统、燃料系统、冷却系统、应急电源系统等管井位置及干线路由都作预留，将来只需根据租户要求，安装备用应急发电机即可。目前新建项目中预留客户自备电源空间也是重要指标，可根据建筑的档次定位和所处地理位置等考虑预留。常见的指标按租户办公面积10W/m²、15W/m²或20W/m²预留。

6.3 消防安保中心总控与分控设置

随着控制技术的发展，超高层建筑中各类监控系统越来越多，也越来越先进，大大提高了管理效率。各类监控系统的具体设置不是本章节讨论的重点，本章节主要讨论其物业管理，按此角度，常见的涉及管理值班的监控系统主要包括两类：防灾类和监控类。监控类如BAS系统，视频监控系统等往往根据物业管理来区分界面，灵活性较高，也不具备通用性；而防灾类系统，主要是指消防报警控制及联动系统，在250m及以上的超高层建筑中，具有一定的代表性。

1）消防控制室的设置原则如下：

（1）消防与安保合用一间（合用房间较为节约面积）。

（2）有两个及以上消防控制室时，应确定一个主消防控制室。

① 方案一（各塔楼分设消防控制室）

优点：各塔楼分设消防分控室，管理分界清晰，能适应未来不同的管理需求，消防分支线缆不用汇集至消防总控制室，线缆相对较少。

缺点：占用机房面积相对较多，管理较为分散，所需消防值班人员多。

② 方案二（各塔楼合用消防控制室）

优点：占用机房总面积相对较少，管理集中，所需消防值班人员少。

缺点：消防总控制室的位置选址要求较高，各塔楼的消防线缆均汇集至消防总控制室，线缆相对较多。

具有消防控制或管理功能的房间，根据其功能一般可分为消防管理室、消防主（分）控室和消防（防灾）指挥中心。消防管理室应具有火灾自动报警功能。消防主

（分）控室应具有火灾自动报警及消防联动功能，以及直接手动控制消防泵、喷淋泵、消防电梯和防排烟风机等消防设备。消防（防灾）指挥中心宜具有火灾自动报警、消防联动信号显示及火灾扑救指挥功能。

2）关于超高层建筑或建筑群，具有消防控制或管理功能的房间，具体设置要求如下：

（1）下列建筑除设置消防主控室外，还宜设置消防分控室或消防管理室：含有商业、办公、酒店、公寓等不同业态或不同物业管理的建筑；建筑面积大于500000m²或设置2套及以上的消防水系统。

（2）消防主（分）控室、消防管理室的设置应符合下列规定：

① 根据2020年8月1日实施的《民用建筑电气设计标准》GB 51348—2019规定，消防控制室宜设置在建筑物首层或地下一层，宜选择在便于通向室外的部位。但此规定中未对超过250m的建筑作特别规定。而根据公消【2018】57号《建筑高度大于250m民用建筑防火设计加强性技术要求（试行）》，为保障建筑高度大于250m民用建筑的消防安全设防水平，提高其抗御火灾能力，消防控制室应设置在建筑的首层。自该要求发布之后，目前250m及以上的超高层基本均按此要求执行。

② 消防分控室及消防管理室可根据其功能要求设置在其服务区域范围内，且具有明显标志，至本层最近的疏散出口不超过10m。

（3）当建筑物内设置视频监控室时，消防主控室宜与视频监控室合用消防控制设备与闭路电视监控设备应分区设置。

（4）当建筑内设有消防主控室、消防分控室或消防管理室时，其报警与联动功能设置应满足以下规定：

① 消防主控室应能接收消防分控室或消防管理室所上传的所有消防信号，并应能直接启动消防泵、喷淋泵。

② 消防分控室应能向消防主控室传送所有的消防信号，并应能直接启动本区域关联的消防泵、喷淋泵。

（5）当建筑用地面积或建筑面积大于1000000m²时，宜在入口处消防车能够抵达的部位设置消防（防灾）指挥中心。

【案例分析】下面以合肥某项目为例，其消防主（分）控室、消防管理室的设置比较具有典型性。该项目包含C、D两个地块。C地块拟建一栋汇集办公、酒店、服务式酒店为主的518m高的超大型城市综合体，地上塔楼108层。D地块拟建D1、D2、D3、D4四栋塔楼，建筑高度分别为：D1塔楼99m，D2塔楼166m，D3塔楼248m，D4塔楼298m。

根据项目业主要求，C、D地块火灾自动报警系统各消防控制室及管理室功能及逻辑关系确定如下（图6.3-1）：在D地块D1塔楼首层设置C、D地块的消防总控中心，与C、D地块安防中心合建，通过总控与分控结合的方式，对C、D地块消防设备进行探测监视和控制。在C地块首层设酒店消防分控室，服务式酒店&办公消防分控室，在D地块的D2、D3和D4塔楼首层设消防分控制室。

1. C地块
在C地块1F设置酒店消防分控室、服务式酒店&办公消防分控室，并在6F、21F、

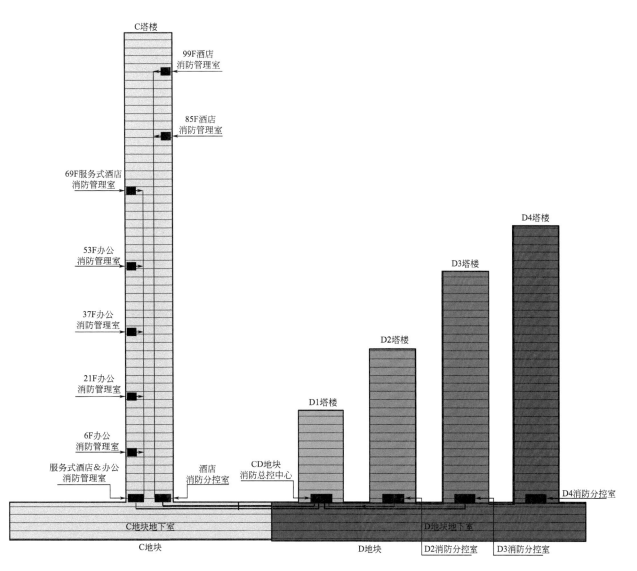

图 6.3-1　项目案例

37F、53F分别设置办公消防管理室，在69F设置服务式酒店消防管理室，在85F及99F设置酒店消防管理室。C地块的各消防分控室包含消防泵，喷淋泵及消防电梯的手动联动控制功能。

1）C地块酒店消防分控室具备以下功能：

（1）C地块地上及地下室酒店所属区域的火灾报警和消防联动功能，并能将相关信息传输至D地块总控室。

（2）C地块酒店所属区域的消防泵、喷淋泵、消防电梯设备的手动联动功能。

2）C地块服务式酒店及办公消防分控室具备以下功能：

（1）C地块地上及地下室服务式酒店及办公所属区域的火灾报警和消防联动功能，并能将相关信息传输至D地块总控室。

（2）C地块地上及地下室服务式酒店及办公所属区域的消防泵、喷淋泵、消防电梯设备的手动联动功能。

（3）C地块地下室非酒店区域的火灾报警和消防联动功能，并能将相关信息传输至D地块总控室。

（4）设置于D地块的，为C地块地下室服务的消防水泵的自动联动及手动联动功能。

3）消防管理室需具备以下功能：

在消防管理室内设置区域火灾报警控制器，具有该区域机所管辖范围内的火灾报警功能，并将相关信息传输至其所属的消防分控室。

2. D地块

在D地块D1塔楼首层设置C、D地块的消防总控中心（兼管D1塔楼，D地块的地下车库和商业），并在D2、D3和D4塔楼首层设消防分控制室。

1）D地块D1塔楼首层消防总控中心具备以下功能：

（1）D1消防总控中心可接收并显示C、D地块各消防分控室上传的相关状态信息。

（2）消防总控中心内设置火灾报警控制器、消防联动控制器、消防控制室图形显示装置、消防专用电话总机、消防应急广播控制装置、消防电源监控器、消防应急照明和疏散指示系统、防火门监控器、手动控制盘等控制装置。消防控制室入口处需设置明显标志，消防控制室设置可直接报警的119专线电话。

（3）D地块所属区域的消防泵、喷淋泵、消防电梯和防排烟风机等消防设备的直接手动联动控制功能。

2）D地块D2办公消防分控室具备以下功能：D地块D2办公所属区域的火灾报警和消防联动功能，并能将相关信息传输至D1塔楼消防总控室。

3）D地块D3办公消防分控室具备以下功能：D地块D3办公所属区域的火灾报警和消防联动功能，并能将相关信息传输至D1塔楼消防总控室。

4）D地块D4办公消防分控室具备以下功能：D地块D4办公所属区域的火灾报警和消防联动功能，并能将相关信息传输至D1塔楼消防总控室。

6.4 电气系统分界——案例分析

6.4.1 案例一：上海环球金融中心

1. 项目概况

上海环球金融中心（图6.4-1）占地面积14400m²，总建筑面积381600 m²，地上101层、地下3层，楼高492m。裙房为地上4层，高度约为15.8m。上海环球金融中心B2、B1、2F、3F层为商场、餐厅；7F-77F为办公区域（其中29F为环球金融文化传播中心）；79F～93F为酒店；94F、97F、100F为观光厅。

2. 市政供电

1）市电电源

电源引自上级二座独立的110kV降压站，给项目

图 6.4-1 上海环球金融中心

提供3路35kV环网电源；能满足供电系统的N-1原则，即3路35kV电源中的任何一路断电，可通过10kV侧联络开关的逻辑切换后，其他两路仍可保障全楼的所有负荷用电。

在主变电所内设置三台主变压器，将35kV降压至10kV后，分别以放射式配电方式，至相关楼层内的中压10kV分变电所。变电所设置情况如下：

35kV主变电所设在裙房地下室一层，主变压器总容量为12.5MVA×3=37.5MVA。

10kV分变电所基本上按建筑的几大功能分区分别设置，即地下室至6F的公共区域、6F～77F的办公楼、79F～93F的酒店、94F～100F的观光层；具体的位置分别在B2F、6F、18F、30F、42F、54F、66F、89F、90F。10kV分变电所的变压器台数共计62台，总设计容量为1600kVA×14+1250kVA×48=86400kVA。

2）应急电源

此外大楼内还设有10kV应急柴油发电机组，作为应急电源，与市电联网供电。

应急发电机的电压等级采用10kV，以满足应急电源的供电半径及压降的要求，此外还需满足酒店高压冷冻机的使用要求。

高压应急柴油发电机组的容量为4×2500kVA/10kV（另外还备用1台），实施并机供电；在主变低压侧的主开关处，油机电源的主开关与市电电源的主开关进行联锁切换后供电，联锁的方法采用机械联锁加电气联锁。

除通常的应急发电机外，在地下室预留小业主的自备应急发电机的空间，以满足小业主对供电的特殊要求，特别是满足银行金融类小业主的入住要求。在项目中根据小业主的需求，配置了1台1500 kVA容量的10kV备用发电机组，同时供三个小业主使用。

3）电费计量

35kV市政电源总进线设专用计量柜，高供高量。

车库、商业、办公内部采取低压计量和远程抄表方式，在楼层强电间设置计量表，由物业统一管理。

酒店内部采取低压计量，在楼层强电间设置计量表，对各功能区的用电进行内部计量考核，由酒店统一管理。

3. 火灾报警及联动控制系统

考虑到办公楼、商场、酒店及观光设施以后将由不同物业公司接管，为了便于控制和管理，在办公楼、酒店及观光层均设置消防分控室或消防管理室，在地下一层设置消防总控制室，所有办公楼、酒店、观光层及地库之消防信号将显示于总控制屏上。

为了便于今后办公楼、商场及酒店的分开管理，本项目分别在办公楼、商场及酒店消防分控室或管理室/保安室各设置1套背景音乐及紧急广播一体化装置。

6.4.2 案例二：上海白玉兰广场

1. 项目概况

上海白玉兰广场（图6.4-2）总建筑面积42万m²，其中地上26万m²，地下16万m²，包括一座办公塔楼、酒店塔楼、展馆建筑以及裙楼。其中，办公塔楼共66层、高320m，在66F顶层设有直升机平台；酒店塔楼有39层，高172m的酒店塔楼；展馆建筑共6层，高57.2m；裙楼有4层。

图 6.4-2　上海白玉兰广场

2. 市政供电

酒店：2路独立10kV，每路4450kVA，在地下一层酒店区域设置10kV配电室。

其他：2路独立35kV，每路20MVA，在地下一层设置35kV变电所；经35/10kV变压后，分别配至商业、办公的10/0.4kV变电所。

3. 应急电源

1台1800kW（常用）0.4kV柴油发电机作为酒店专用应急电源；2台1800kW（常用）10kV柴油发电机作为商业专用应急电源；1台1800kW（常用）10kV柴油发电机作为办公专用应急电源；预留3台1800kW（常用）10kV柴油发电机作为办公租户专用备用电源。

4. 电费计量

10kV市政电源总进线设专用计量柜，高供高量；35kV市政电源总进线设专用计量柜，高供高量；车库、商业、办公内部采取低压计量和远程抄表方式，在楼层强电间设置计量表，由物业统一管理；酒店内部采取低压计量，在楼层强电间设置计量表，对各功能区的用电进行内部计量考核，由酒店统一管理。

5. 火灾报警及联动控制系统

裙房首层东侧商场区设置消防安保总控中心，办公塔楼首层设置办公消防安保分控中心，酒店塔楼首层设置酒店消防安保分控中心。主机和副机关系示意图如图6.4-3所示。

6.4.3　案例三：天津117大厦

1. 项目概况

天津117大厦（图6.4-4）建筑面积为84.7万m²。地下3层，局部4层，其中92F以下为超甲级国际商务办公楼，93F以上为超五星级酒店，其中115F为空中高级会所，配有天

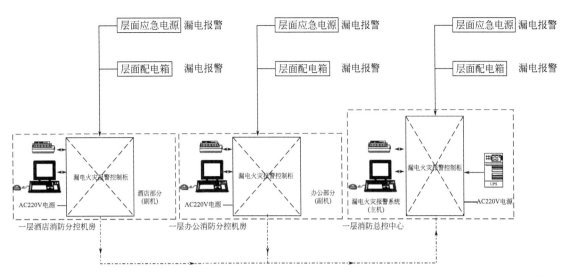

図6.4-3 主機和副機関系示意図

津市唯一的空中游泳池；116F为视野开阔的大型餐厅、117F为可旋转的特色酒吧和咖啡厅，整体构成了一幢集甲级办公、酒店、旅游观光、精品商业于一体的特大型超高层摩天大楼。

2. 市政供电

110kV站建设规模为3×31500kVA，3台主变全运行。电压等级为110/10kV。110kV侧为单母线分段接线，采用电缆进线，10kV采用单母线六分段环形接线，六段母线出线回路分别是3/3/4/3/3/4回，共计出线20回电缆出线。

本变电站是天津市近年来第一座110kV全地下变电站。设置110/10kV变电站，从站内引来10路10kV电源（两两互为独立电源）。在地下一层设置5座10kV开关站，经分配后配至各10/0.4kV变电所。

图6.4-4 天津117大厦

3. 应急电源

4台3000kVA（常用）10kV柴油发电机作为专用应急电源；预留4台750kVA（常用）10kV柴油发电机作为办公特殊租户专用备用电源。

4. 电费计量

110kV市政电源总进线设专用计量柜，高供高量；10kV出线均设置计量；车库、商业、办公内部采取低压计量，在楼层强电间设置计量表，接入能耗监测系统，由物业统一管理；酒店内部采取低压计量，在楼层强电间设置计量表，对各功能区的用电进行内部计量考核，由酒店统一管理。

5. 火灾报警及联动控制系统

地下一夹层设置消防控制中心作为整个工程的总控防灾中心，直通室外安全出口，按专家意见在相应地面层设消防值班室起引导作用。塔楼处地下一夹层设置消防分控室，直通大堂安全出口，负责塔楼区域的消防报警及联动控制。远离塔楼处地下一夹层设置消防分控室，直通室外安全出口，负责塔楼以外区域的消防报警及联动控制。

6.4.4 案例四：成都绿地中心

图 6.4-5　成都绿地中心

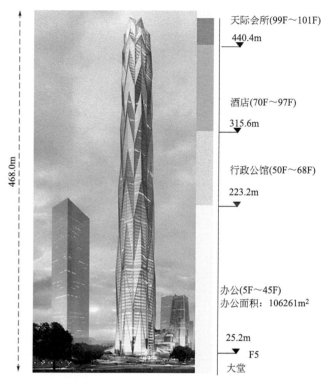

图 6.4-6　功能图

1. 项目概况

成都绿地中心（图6.4-5～图6.4-7）的建筑性质属一类超高层公共建筑，主要功能为办公、行政办公，五星级酒店，天际会所，会议中心；建筑面积：约45.6万m²，其中：地下约11.1万m²，地上约34.4万m²；建筑高度及层数：地下室共五层，局部设夹层；T1塔楼：地上101层，高度468m，建筑面积约22万m²，主要业态为办公、行政公馆、酒店、天际会所；T2塔楼：地上38层，高度166.7m，建筑面积约4.2万m²，主要业态为公寓式办公；T3塔楼：地上40层，高173.7m，建筑面积约4.4万m²，主要业态为公寓式办公；裙房：地上3层，高度29m，建筑面积约3.1万m²，主要业态为多功能会议、宴会厅及商业。总平面图如图6.4.6所示。

2. 市政供电

为本地块引入5路独立10kV高压电源，其中1路供给T2、T3塔楼，2路供给T1办公及地下室（其中1路同时供给T2和T3塔楼一、二级负荷），2路供给T1酒店和裙房会议中心。电源均以电缆埋地方式进入建筑物地下一层10kV高压配电室。

变电所设置：

在地下一层（-7.000m）设置总10kV高压配电室及车库变电所、T1办公变电所（为办公冷冻机房服务）、T1酒店变电所（为酒店后勤、酒店冷冻机房、首层酒店大堂服

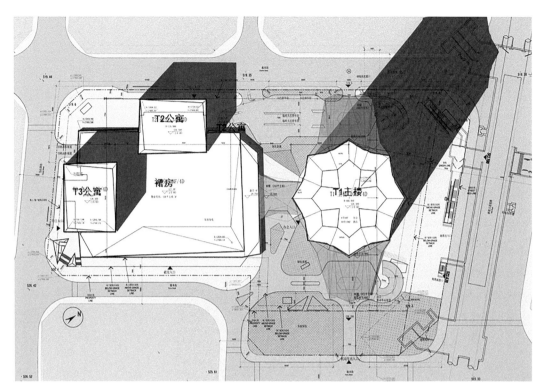

图 6.4-7 成都绿地中心总平面图

务）、T2&T3和行政办公变电所（为T2&T3和行政办公冷冻机房服务）；在裙房二夹层设置会议中心变电所、T3专业变电所；在裙房三夹层设置T2公寓公用变电所、T2柔和变电所、T3公寓公用变电所；在3F、24F设置T1办公变电所；在49F设置T1行政办公变电所；在68F、98F设置T1酒店变电所。

3. 应急电源

根据物业管理界面，共设置5套自备柴油发电机组作为本项目消防设施及特别重要设施的应急电源，分别为： T1办公和地下室设置2台1600kW的0.4kV柴油发电机组；T1行政办公设置1台1000kW的10kV柴油发电机组；T1酒店和裙房会议中心设置2台1600kW的10kV柴油发电机组；T2公寓式办公设置1台600kW的0.4kV柴油发电机组；T3公寓式办公设置1台600kW的0.4kV柴油发电机组；预留1台2000kW特殊用户专用发电机组安装位置作为租户的备用电源。

4. 电费计量

市政10kV电源为高供高量，高压配电室设置量电柜；低压配电柜的出线回路设置多功能电力监测仪表，分别计量核算运营成本；根据用户要求，按照区域、功能划分设置内部计量装置；表计在楼层配电间或电气设备间内集中设置，由物业统一管理。

第7章　绿色节能及可持续发展

　　超高层建筑是高能耗建筑，超高层建筑电气节能设计的研究迫在眉睫，节能运维也显得尤为重要。为了降低超高层建筑的全生命周期能耗，建筑电气节能技术在设计阶段就需要统筹考虑，节能措施要具有针对性、方向性和实用性。

　　基于建筑电气节能设计的实际案例，本章节重点论述超高速电梯的供电和馈能研究、能耗管理系统以及BIM运维与全生命周期管理的电气节能设计要点，将其落实到实际的设计、施工和管理工作中，在降低能耗的同时，可提高建筑电气系统安全性，更好地满足用户的实际需求。

7.1　超高速电梯的供电和馈能研究

　　超高层建筑运行的核心就是核心筒的合理布局，而对核心筒的研究势必涉及电梯数量及速度的分析和研究。超高层建筑正常运行对电梯提出了更加严格的技术要求，特别是对电梯的运行速度提出了更进一步的需求。

　　作为超高层建筑垂直运输的重要设备，能耗占比也很大，对超高速电梯在高效节能、速度、安全性、可靠性、舒适性、等方面开展研究，是实现对超高速电梯系统技术突破的重要方向。

7.1.1　超高速电梯的定义

　　超高速电梯定义为：额定运行速度大于 6m/s，而且运行在超过100m的超高层建筑内的电梯。

7.1.2　超高速电梯节能关键技术

　　1. 无齿轮永磁同步曳引电动机

　　电梯主要元器件就是驱动电机，显而易见超高速电梯对驱动电机提出了更加严格的要求，是因为超高速电梯必须运行速度快，运行距离长，服务的建筑物楼层数多。新型驱动电机的一个非常典型的例子便是永磁式同步电动机。无齿轮永磁同步曳引电动机主要特点是结构简单、体积小、重量轻、低损耗和高效率等。高速电梯牵引系统主要采用无齿轮永磁同步曳引电动机。无齿轮永磁同步曳引机采用扁平、盘式外形，直接带动曳引轮曳引电梯运行，无需机械减速机构，使得无齿轮曳引机的机械结构变得非常简单，曳引机安装在与曳引绳相同的平面内，变频器则可置于顶层的电梯门内，可省去机房，降低建筑成本；无齿轮永磁同步曳引电动机高效节能，通过采用永磁同步电机，电梯主机一般能够降低20%的体积，效率能提高至少15%，振动和噪声能降低10dB，无需润滑油和不存在齿轮故障等问题，超速自动保护功能让高速电梯更加安全、可靠；具有低速大转矩、重载启动速度快、低噪声、安装和维护方便、节省机房空间等优点。目前无齿轮永磁同步曳引电动机已实现了大功率、高转速、高转矩、智能保护系统等特性，单台容量可达1000kW，最高转速可达300000r/min，最低转速可低于0.01r/min，能够满足超高速电梯启动时对功率的要求。

2. 双空间矢量PWM变频调速系统

通用VVVF电梯变频器系统存在功率因数低、网侧谐波污染严重及无法实现能量的再生利用等缺点。空间矢量PWM（SVPWM）方法和载波调制等方法不同，它是从电动机的角度出发，着眼于如何使电机获得幅值恒定的圆形磁场，即正弦磁通。它以三相对称正弦波电压供电时交流电动机的理想磁通圆为基准，用变换器不同的开关模式所产生实际磁通去逼近基准圆磁通，由于它们比较的结果决定逆变器的开关，形成PWM波形，空间矢量PWM方法是基于三相系统的空间矢量模型，从时间平均的意义上合成矢量，并以此为出发点进行PWM控制计算，并且具有转矩脉动小、噪声低、电压利用率高的优点。

采用双SVPWM变换器，提高了功率因数，减少了网侧谐波污染，实现能量的双向流动，可将曳引电动机制动时产生的电能回收、再利用。

3. 超高速电梯群控系统

超高层建筑中，乘客等待电梯的时间必须合理，为此必须优化电梯运行配置，对超高层电梯来说，群控系统的优劣就显得非常重要。特别是采用优化的群控算法，可确保高速电梯的可靠运行。从群控管理的最佳配置来说，群控系统适用于最多8台电梯。如何解决超高层建筑中几十台以上的电梯的群控需求（上海中心大厦安装302台电梯），有一个最有效、最可靠、最经济的方式，便是分区设置超高层电梯群控子系统。通过各子系统各自实时获得电梯各站的呼叫信息和电梯的位置、方向、开闭状态等。加之辅助大厅预约电梯系统的应用，以及停靠站及达到两端站台的加减速优化控制设计，实现目的层时间显示等功能。

群控算法主要有：

（1）模糊专家系统。以减小等待时间和乘梯时间为目的，锁定响应层呼叫最佳轿厢和运行方案，应用模糊理论和专家系统结合的方法，实现群控系统的灵活性和可靠性。

（2）神经网络系统。为获得最优的调度方法，神经网络系统需要主动学习、及时调整，特别是需要随交通环境进行变化。构成神经网络系统主要数据层有：多变量的输入层、自调节的中间层和输出决策层。

（3）遗传算法系统。近年来，随着技术的发展，日本三菱电梯公司的AI-2000系统、迅达电梯Miconic VN™/AITP系统的出现，加速了遗传算法系统地快速应用。当前为解决超高层建筑电梯的复杂调配难题，基于自然选择的原理，为遗传算法系统提供了实战大展身手的舞台。

4. 新型驱动电机

直流电机拖动技术为早期超高速电梯的应用提供了广阔的天地，但是随着对新型超高速电梯驱动电机提出新要求，特别是能耗要求小、噪声要低的迫切需要，直流技术与交流技术一样限制了超高速电梯的应用。为确保超高层建筑可靠运行，必须对电梯驱动电机进行技术突破。

超高层建筑楼层高，必须充分将电梯运行时产生的势能与动能转换为电能，并反馈到电网中，达到电梯运行中的能量反馈。能量反馈技术的应用，催生出新型驱动电机在超高速电梯中的广泛应用。电梯运行时产生势能是因为电梯轻载上行、上升的时候负载较轻或满载下行、较快地制动时，电梯的驱动处于发电状态。加之，对重装置或轿厢会比另一侧重，当速度达到了额定速度后，多余的势能便会在电梯系统之中产生。变频器的滤波电容，将电机产生的机械能进行累积，最终使得直流母线的电压升高，产生电流，机械能转换成电能，达到能量守恒。在这一系列过程中，实现机械能转换为电能的能量反馈。反馈的电能通过整流技术进行能源上网，实现能源转换和节能减排的双重效益。迈入智慧化新时代，5G技术、物联网技术、人工智能技术、大数据技术等将密集应用于超高速电梯技术的发展之中，可以预见，未来超高度电梯的研究必将进入白热化，超高速电梯将让乘客体会更加舒适、准点和人性化。

5. 带能量反馈技术的驱动主机

永磁同步电机技术在早期的电梯行业得到充分展现，随着技术发展特别是能量反馈技术的应用，为电梯的发展注入了新鲜的血液，技术得到了迅猛突破。显而易见，在任何工况下，传统的电梯都是需要消耗电能的，避免纯粹地使用电源才能工作。

而就电梯运行状况来说，在轻载上行、重载下行时，电梯工作是不需要消耗电能；相反，可以视作是一个发电设备。电梯运行将机械能变为电能，并回馈给变频器，导致其直流母线电压上升。长期以来，通常增设制动单元和制动电阻，把电能变为热能，进行消耗掉，以实现能量平衡，如图7.1-1所示。

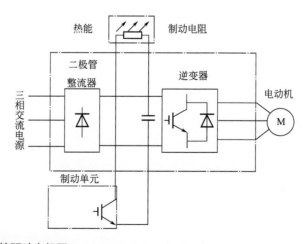

图 7.1-1 无能量反馈驱动电机图

通常，小功率的电梯，例如 10kW 内的电梯，依旧可以采用这种能耗制动的方式。然而随着电梯功率的加大，假设还是使用能耗电阻的方式处理，除了电流大，极易对系统和设备造成损害外，还会产生巨大的热量，对环境也会造成污染。

特别是，随着超高层建筑的高度不断提高，超高速电梯的功率也不断加大，甚至可以达到惊人的 500kW 以上。在这种规模的功率下，已经根本不适宜用制动电阻方式来消耗发电状态下产生的电流。所以超高速电梯的开发必须开发具有能量反馈功能的变频系统。通过能量反馈技术，把电梯发电状况下和制动状况下运行必须释放出来的势能和动能转化为电能反馈到电网中去，实现电梯系统最有效的节能。

在国外，超过 3m/s 的电梯，能量反馈基本上都已经作为标准配置配备。但是在国内，由于大功率的能量反馈技术还不是很成熟，因此需要开发带能量反馈技术的驱动主机，如图 7.1-2 所示。

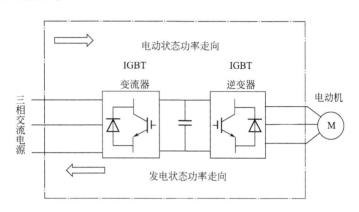

图 7.1-2　有能量反馈驱动电机图

6. 能源再生变频器

32位甚至64位高速数字化信号处理器配置在能源再生变频器之中，先进的控制算法及矢量闭环控制技术应用于能源再生变频器，使电梯在加速和减速以及制动时更加平稳，乘客感觉舒适和温馨，还能确保层间运行时间为最低值。

高性能滤波装置内置于能源再生变频器之中，曳引机发电时产生的电能通过能源再生变频器进行收集，利用高性能滤波装置消除谐波污染，处理后反馈回电网供其他用电设备使用，让电能更清洁，并且符合国家电能质量标准。综上所述，通过能源再生变频器将以前需消耗在制动电阻上的电能反馈回电网，有力地降低废热排放，更加环保。

7.1.3　案例分析

项目包含甲级办公楼、五星级酒店、商业和观光功能。塔楼被规划为中央商务区内最高的建筑，高度为374m，将成为深圳南山及周边的地标性建筑。塔楼办公楼层位于5F～38F。酒店占用塔楼的高区，位于40F～54F。观光层位于55F～ROOF。该超高层建筑的电梯配置参数如表7.1-1所示。

表 7.1-1　某超高层建筑的电梯配置参数表

电梯编号	类型	电梯台数	消防电梯	服务楼层	提升高度（m）	速率（m/s）	载重（kg）
1	办公车库穿梭梯	2	否	LB5～L1	24.7	1.75	1600
2	酒店宴会厅客梯兼车库穿梭梯	2	否	LB5～L4	42.1	2	1600

电梯编号	类型	电梯台数	消防电梯	服务楼层	提升高度(m)	速率(m/s)	载重(kg)
3	办公低区客梯	5	否	LB1&L1, L6~L11, L13~L20	102.3	4	1600
4	办公中区客梯	4	否	LB1&L1, L22~L29	144.3	5	1600
5	办公高区客梯	4	否	LB1&L1, L31~L38	186.3	6	1600
6	酒店穿梭客梯兼消防辅助疏散梯	3	是	L1, L39, L42	208.2	7	1600
7	酒店客房区客梯	4	否	L41, L42, L43~L52, L54~L58	82.8	2.5	1600
8	酒店公共配套客梯	2	否	L41~L42, L58	82.8	2.5	1600
9	观光层穿梭客梯兼消防辅助疏散梯	2	是	LB2, L4, L59, L62	324.9	8	2000
10	观光层区间客梯	2	否	L60~L64	71.6	2	1600
11	办公和观光层小货梯兼VIP梯	1	否	LB5~L40, L59~L62	337.9	6	1800
12	办公和观光层大货梯	1	否	LB5~L64	348.7	5	4000
13	酒店塔楼穿梭货梯（一段）	2	是	LB5~L59	321.1	5	2000
14	酒店塔楼穿梭货梯（二段）	2	是	L59~L64	50	1.75	1800
15	酒店塔楼区间货梯	2	否	L40~L42, L43~L58	88.8	2.5	2000
16	酒店宴会厅货梯兼消防贯通门电梯	2	是	LB5~L4	42.1	1.75	2000

查表可得，超高速电梯共有10台，分别用于办公高区客梯、酒店穿梭客梯兼消防辅助疏散梯、观光层穿梭客梯兼消防辅助疏散梯以及办公和观光层小货梯兼VIP梯。主要用于地下室和首层直达办公高区、高区酒店层和观光层。超高速电梯的数量占整个项目电梯数量的25%左右。

7.1.4　结论

随着社会经济的高速发展，国内市场对超高速电梯的需求量在不断地增大，加强对超高速电梯关键技术的分析与研究，可以为各项工作开展奠定基础。超高速电梯的安全、舒适、可节能运行是现代超高层建筑的重要评价技术指标。

7.2　能耗管理系统

超高层建筑的不断涌现，其建筑能耗随之增加，必须处理好能源与发展之间的矛盾。响应国家节能减排方针政策。国家"十四五"计划已经呈现,超高层建筑作为能耗大户,需要起到节能减排的表率与示范作用。作为超高层建筑的运行方,其节能减排不但能为企业带来经济效益,而且为企业发展提供社会担当责任使命。超高层建筑建设单位也可随着绿色节能设计,带来社会效益和投资收益。

据相关资料不完全统计,建筑物耗能约占45%的总利用能源。在环境污染评估中,空气污染、光污染、电磁污染与建筑物有关的约占34%;建筑垃圾约占40%的人类活动产生总垃圾。从建筑物的全生命周期来分析,建筑物约消耗35%的能源,约使用48%的水资源,约排放35%的温室气体以及约产生40%的固体废料,其中超高层建筑在以上分项的占比更高一些。

传统常规建筑物进行水、电、气、热量等分类分项计量和计数,这种方法对超高层建筑这类能耗大户而言,已经不完全适用,也不能满足绿色、节能超高层建筑的建设需求。对计量数据进行后期管理、分析利用,动态优化运营策略才是超高层建筑能耗管理系统的首要功能。通过建筑能耗管理系统,还能知晓建筑设备的运行状态、故障情况和应急处置。超高层建筑能耗管理系统必须具备以下功能:数据收集、数据分析、能耗数据评估、智慧识别,以及产生报表、工单派发,并最终实现节能决策、绿色定位和物业管理以及经济分析。

7.2.1 能耗管理系统概念

超高层建筑能耗管理系统是指通过在超高层建筑物内安装分类和分项能耗计量装置,实时采集能耗数据,并具有在线监测与动态分析功能的软件和硬件系统的统称。超高层建筑能耗管理系统一般由能耗数据采集子系统、传输子系统和处理子系统组成。采集能耗数据主要包括动力、照明、电梯、空调、供热、给水排水、插座、末端盘管、排气扇等能源使用状况以及电、燃气、燃油、冷热量、水、其他等能耗消耗。

超高层建筑能耗管理系统主要由现场监控层、网络通信层和站控管理层组成。系统的末端采集设备有数字电能表、数字水表、数字燃气表、数字燃油表和数字热量表。

1. 现场监控层

采用末端传感器和智能仪表进行终端数据采集,并将建筑能耗数据上传至数据中心。远程传输手段中还需配置控制器,当前市场上主流产品是带有现场总线连接的分布式I/O控制器,该控制器具有高可靠性,能确保能耗数据上传至超高层建筑能耗管理系统主机,并将能耗数据储存在能耗管理本地服务器中或者能耗管理云服务器上。

2. 网络通信层

网络通信层负责传输数据与信息,以便实现站控管理层和现场监控层的信息交换。组成网络通信层的主要设备有:通信管理机、以太网设备、开关电源及总线网络。

3. 站控管理层

采用IE页面、APP页面或者WEB页面,实现人机交互操作,满足客户对能耗管理数据的监视、管理和分析。

通过外部接口,并配置防火墙,将标准化格式的数据上传至单体建筑物所在的建筑群管理平台,或者将数据上传至省市级能源管理数据中心,有条件地推广并将数据最终发送至国家级的能源管理数据中心。

超高层能耗管理系统的构架，典型方案如图7.2-1所示。

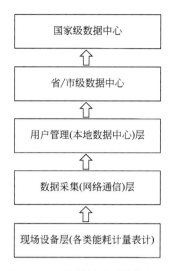

图 7.2-1　能耗管理系统构架图

7.2.2　能耗管理特点

1. 建筑功能多

超高层的特点就是楼栋高、楼层多、建筑面积体量大、使用人员多，特别是业态功能多，一般有酒店、公寓、办公、会所、观光、商业、餐饮、影院、停车等功能。建筑功能多，导致管理方多，交界面复杂，对能耗管理提出了更高的要求。

2. 能耗类型多样

采集方式通常采用分类、分项进行。能耗大致分为六类：水，电，燃气，燃油，集中供冷、集中供热和可再生能源及其他。基本每种业态或每个物业都有一套。

3. 能耗基础数据

超高层建筑能源使用点位多，导致能耗采集的数据量大，这么大的数据需要出使用信息集成化技术，最终事项后台对数据的实时监控和分析处理。为了反映能耗具体情况，必须对数据进行多维属性定义和分析。

4. 能耗现状

能耗需求呈刚性增长，能耗节约意识还不够健全，能耗利用率也普遍偏低。特别是能耗的统计覆盖面不够全面，手段也比较低下，甚至有的建筑物采用人工录入方式进行能耗日常计量，不能全面反映整个建筑物内设备能耗运行的真实情况，为能耗统计、分析带来了障碍。

7.2.3　能源管理方针

超高层建筑地兴起，正好与能耗管理理念的更新同步前行，同时伴随大数据分析、人工智能、BIM、物联网、信息化运用以及社会能耗管理体制的健全，为超高层能耗管理提供了有力的保障，为超高层能耗数据采集和分析提供了技术和制度支撑。

7.2.4　能源管理清单

1. 建筑能耗的分类

建筑能耗数据按水、电、燃气、燃油、集中供热、集中供冷和其他（包括可再生能源等）进行分类，其中水、燃气、燃油及其他能源可根据名称不同再进行一级子类区分。

2. 电量分项能耗分析

按照用电功能属性，对电类能耗分为4个分项：

（1）照明插座用电：为各类房间照明、电器设备供电，如室内照明与插座、走廊和应急照明、室外景观照明等。

（2）空调用电：冷水机组、冷冻泵、冷却泵、冷却塔、热水循环泵、空调、新风机、风机盘管、电锅炉等。

（3）动力设备用电：通排风机、电梯、生活水泵、集水泵、污水泵、排污泵等。

（4）特殊用电：电子信息系统机房、洗衣房、厨房、餐厅、游泳池、电开水器、健身房等。

基于以上分项能耗数据，系统经大数据计算、分析，并整理出一系列可读性数据，用户可通过系统后台进行查询，并进行能耗数据比对。超高层建筑内能耗分项计量分类如图7.2-2所示。

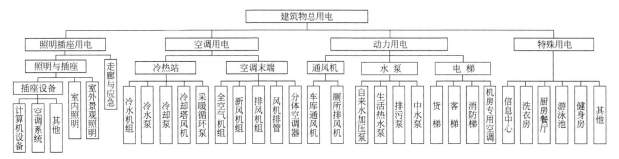

图 7.2-2　超高层建筑内能耗分项计量分类图

7.2.5　建筑能耗分析

建筑内使用的一次能源分别有电、水、煤、天然气等，需将各种能源类型统一才能进行比较和分析，各类能源按标准煤作为计量单位换算，然后进行二氧化碳排放量计算，最后进行能源价格计算。一次能源的换算系数为：1kWh电= 0.1229kgce，1kg原煤=0.7143kgce，1m³天然气= 1.2143kgce，1kg汽油=1.4714kgce，建筑内一次能源的总消耗量为煤、电、燃油、燃气折合成标准煤的总和。同样，需要将各种能源消耗转换为二氧化碳排放量，换算关系为：1kWh 电=0.9970kg，1kg原煤=1.9107kg，1m³天然气=1.9229kg，1L汽油=2.3587kg，建筑的总二氧化碳排量为煤、电、燃油、燃气转换成二氧化碳排量的总和。能源费用的按照市场价格以元为单位统计。这样就能将建筑能源消耗量以标准煤、二氧化碳排量和能源费用统计计算。

7.2.6　能耗管理系统现状

1. 能源管理控制力度不够

早期建筑物均依靠BAS进行控制，但是实际上由于楼宇自控系统的编程复杂，管理者水平跟不上，导致多数建筑的楼宇自控系统不能正常运转，依托楼宇自控系统进行节能限时控制则成为一种奢望，导致大多数建筑物无法应对节能减排政策的落地实施，加大了运营者的能源成本的投入。

2. 能耗跟踪监测情况

绿色建筑评价不是仅依靠建筑的设计方案，而要根据建筑在运营期间的具体节能效果判断。目前普遍存在的问题是对建筑能耗、节能效果等数据无从查起，不利于节能方案进一步完善。

3. 管理人员技术情况

加大能耗管理专业的培训力度，实现对能耗管理系统专人专项服务，提升对突发事件的应对能力，使采集、存储的能耗数据，能充分进行分析运营，为决策者提供有力的数据支撑，实现系统软硬件和人员管理水平的双重提升，为节能减排增效提供强大动力。

7.2.7 能耗管理改进措施

1. 建立先进技术体系架构

通过在分析超高层建筑构成要素的基础上，以节能管理为重点研究对象，梳理节能优化关键要素，探索现有先进技术体系架构和指标体系在超高层建筑节能管理中的应用。

2. 大数据分析

随着5G技术的应用，超高层建筑的智慧化提上日程。应用大数据分析，使用人工智能算法，收集、统计和分析超高层建筑各系统数据，并对其进行信息反馈。同时，把能源应用数据、运行数据、人流数据、室内外环境数据等节能相关监测信息进行同一融合、整理和汇总，实时掌握超高层建筑物能耗动态，并创建超高层建筑的能耗分析模型，诊断超高层建筑及其系统的能耗，实现降低能耗的需求。

3. 信息化管理

基于超高层建筑节能管理关键要素，建立基于大数据和AI技术的超高层建筑节能信息化管理应用，实现对节能优化的信息化、精细化管控，为管理人员实时提供节能数据、节能策略支持。

4. 成立能源管理部门

鼓励所有租户参与节能，制定整个楼宇深度节能改进计划，通过对楼宇进行短期、中期、长期节能措施分析，实现长期节能效果。

7.2.8 案例分析

某大厦为综合体，划分为六个部分：地下室4层。三栋超高层塔楼分别为：T1塔楼76层，高度为368.05m；T2塔楼68层，高度328.05m；T3塔楼60层，高度300.05m。T5为连接三个塔楼的空中平台（43F～48F），商业裙房T4为9层（局部10层，高度59.5m），附建15层的斜楼板式地上汽车库（车库顶部两层配置电影放映厅，与商业的9层同一标高）。T1塔楼为办公、酒店综合体；T2、T3为办公；T4裙房功能为商业、停车及酒店配套、餐饮；T5空中平台从功能划分上属于酒店；设有四层地下室及局部夹层，作为地下商业、机动车和非机动车停车库、后勤用房、卸货区、设备用房以及人防掩蔽区。大厦冷热源功能布局如图7.2-3所示。

1. 楼宇自控系统

大厦楼宇设备自控及能源计量系统BMS由中央工作站、网络服务器、控制分站、直接数字控制器、各类传感器及电动阀等组成。主控设在塔楼B地上1F东南角安保消防控制中心，分控设在塔楼A的首层分安保消控中心、塔楼C的首层分安保消控中心和塔楼A的43F酒店分安保消控中心。

2. 冷源系统

项目由多个功能区域组成，裙房商业、主楼办公、主楼酒店、酒店式公寓各自设置

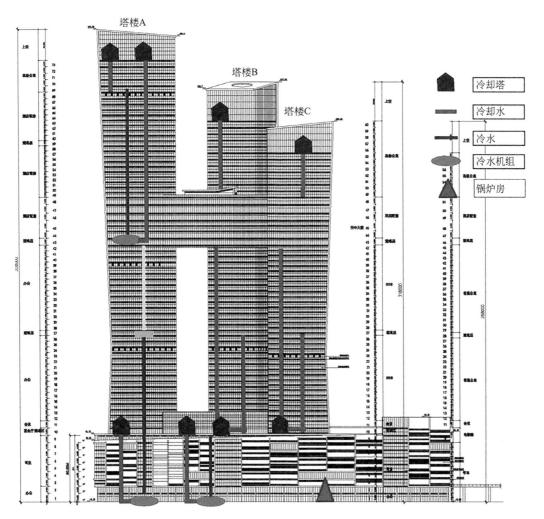

图 7.2-3 某大厦冷热源功能布局图

独立的空调冷热源。裙房商业、主楼办公采用各自独立的冷水机组+冷却塔作为空调冷源，同时采用冰蓄冷系统。主楼酒店采用各自独立的冷水机组+冷却塔作为空调冷源。机房位于设备层。冷却塔设于主楼屋顶。酒店式公寓采用分户水环热泵系统，分户的室外机设置于每层的设备间。

3. 热源系统

裙房商业、主楼办公、主楼酒店采暖及生活热水热源使用燃气热水锅炉。锅炉房位于地下室，垂直分区，设置板换接力。酒店式公寓采用燃气热水器供应生活热水。

4. 空调系统

超高层建筑因其独特的设计、多功能性及运行必备的设备，较常规建筑有很大差异，因此，单位面积能耗量较其他类型建筑高。能耗中尤以供暖通风和空调能耗量占比最大，占40%～60%，因此，对建筑空调系统实现能源管理具有很大节能潜力。大厦空调系统包括变风量空调系统、冰蓄冷系统和水环热泵系统等系统形式。

各种冷热源系统先各自进行独立控制，然后构建集成多能源管理系统，再通过IBMS与BAS管理的空调系统实现联动。大厦能源管理系统都设有各自子系统的群控功能，在各能源子系统基础上，将集成上述能源管理及冷热源机房监测与控制系统（即

CPMS系统），通过CPMS系统对大厦能源进行集中智能化管理和控制，实现多种能源系统优化运行。

7.2.9 结论

超高层建筑设计使用年限为50年，如何在超高层绿色建筑生命周期中充分确保节能环保、经济运行，必须结合设计、施工和运维阶段加以考虑，并且将三阶段有机结合起来。设计需要进行绿色节能措施的应用，施工需要应用环保材料，运维需要将能耗数据进行系统性研判，才能在整个建筑物生命周期中实现节能目标。

7.3 BIM运维与生命周期管理

建筑信息建模（Building Information Modeling，BIM）是一个从规划、设计、施工到各阶段统一协调的过程，是把使用标准的理念转换成相应数据的操作软件。BIM过程是利用集中式数字三维建模为核心资源。每个建筑参与者规划数据模型，同时也允许其他人有权限做数据修改。BIM技术不是简单地三维设计软件，不是二维CAD设计软件的升级。BIM技术是整个项目全生命周期管理的前提条件，只有项目从设计和施工开始就使用BIM技术，才能将整个项目运行在BIM全生命周期中，实现项目运维BIM全生命管理。

7.3.1 BIM概念和现状与应用

BIM信息模型使用广泛，目前主要应用于设计阶段，并且随着项目施工管理的需要在施工阶段也成为主要应用工具。另外后期运维管理阶段是重点应用的场合，其可视化对后期管理带来了巨大便利。随着BIM技术的应用力度加大，BIM技术将设计、使用、运维三者有机结合，实现超高层建筑全生命周期管理，使得信息模型在整个项目运行周期中得到完美应用，并展现出其最大价值。

超高层建筑全生命周期是指，从超高层建筑选址、立项、可研、规划、初步设计、招标设计、施工图设计、施工、调试、竣工、运维等各个阶段。BIM全生命周期如图7.3-1所示。

7.3.2 传统运维管理现状

传统运维管理现状如下：

（1）设备维护效率低。超高层建筑功能复杂，设备种类繁多、分散，查找定位设备故障点极其困难，设备维修不便。特别是，当某些重要设备或者系统不能正常工作时，会导致整个超高层建筑难于运转或者局部需要停用，影响面极大。这对建筑物运营者和使用者都带来了极大的挑战和难度。更有甚者，导致超高层建筑内全部使用者无法进行日常的工作与生活。

（2）运维信息传递不畅。通常管理人员都是通过手写记录或者电子标签对设备设施进行运维管理，这种模式极易造成设备数据丢失或者缺乏记录。并且这些模式更新、变化困难，难以匹配管理需求、使用现状。特别是，需要雇佣一批专门的记事人员，人

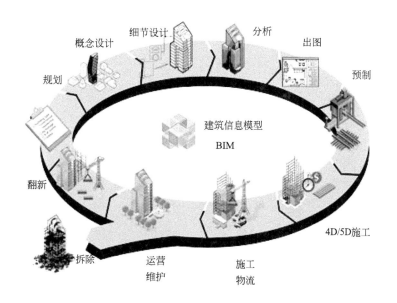

图 7.3-1　BIM 全生命周期图

力成本加大，也对运维管理单位提出了严格的资金需求。随着现代管理的迫切需要，运维信息需要智慧化。因此，必须解决数据采集的困境，依托科技力量破解难题。只有确保信息获取及时，对突发事件进行快速响应，才能适应现代建筑管理需要，特别是关注超高层建筑人员多、功能复杂带来的先天条件对管理者技术水平提出的更高要求。

（3）运维成本过高。当代公建为了给使用者带来更好的服务和高效地处理紧急问题，普遍会雇佣具有丰富运维经验的专业团队进行建筑管理，这就增加了建筑运维阶段雇佣人力的成本。在各设备运行过程中，由于使用不当导致设备报废和能耗消耗过多，带来的运维成本增加也屡见不鲜。为使建筑能长期具有良好的运营收入，要着重考虑降低运维成本支出的各项因素。

1. BIM模型运维中的实例——超高层垂直交通图

运维电梯模型能够让管理人员更加便捷地获取对应的实际电梯的相关信息。其中，电梯位置信息是指楼宇内的各个电梯所能够到达的楼层信息；电梯的属性信息是指每个电梯的基本信息，即型号、种类、承重、大小等。三维电梯模型中用直梯实体形状图及扶梯实体形状图等来表示不同电梯。BIM垂直交通示意如图7.3-2所示。

2. 超高层电缆桥架BIM模型

对于电气系统，有不同的子系统需要桥架。配电系统需要配电桥架；照明系统需要照明桥架、槽盒；消防系统、弱电系统两个子系统分别需要对应的桥架和槽盒。电气专业不同系统的桥架主要有电力桥架、弱电桥架、消防桥架，照明有时候也会有桥架。在站位方面也可以分为水平桥架和垂直桥架。

（1）从楼层配电室的配电箱到配电箱的主线沿悬索桥或沿平屋顶铺设。

（2）主干和径向电力线用于将电缆从低压配电柜分配到大功率轴，然后分配到每层配电箱。

电缆桥架三维模型如图7.3-3所示。

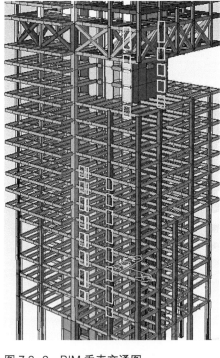

图 7.3-2　BIM 垂直交通图

图 7.3-3　电缆桥架三维模型图

7.3.3　建立智慧运维护管理平台

运维在整个建筑生命周期内持续时间最长，占到80%～90%或以上。普华永道咨询报告研究表明，建筑运行费用的70%与建筑生命周期信息管理有关，其中的80%是技术性的，建筑运维人员60%时间用于查询各种信息，其中有20%～30%的时间浪费在过时信息的处理上。

通过BIM技术，使建设与运维阶段的信息自动传递成为可能，使运维阶段各类信息能够集成，让众多业主对运维的关注得以提高，并第一次能够真正实现建筑全生命周期信息化。BIM智慧运维管理平台层次结构关系如图7.3-4所示。

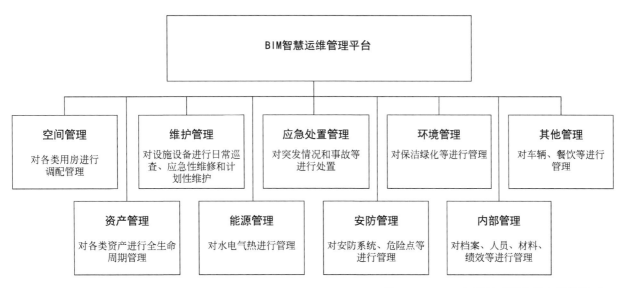

图 7.3-4　BIM 运维管理平台层次结构关系图

7.3.4　全生命周期运维管理

　　BIM技术应用涵盖建筑的整个生命周期，前期设计管理、中期施工管理、后期运维管理三个阶段。

　　建筑设备的全生命周期运维管理是指对建筑设备的全生命周期信息进行动态管理。一般来说，建筑设备的全生命周期包含建筑设备的购买、安装、使用、保养、维修到保费等6个状态，如图7.3-5所示。通过对建筑设备进行有效的管理，能够提升建筑设备的运行效率，延长使用寿命，实现效益最大化，确保建筑设备的安全、经济及可靠运行。

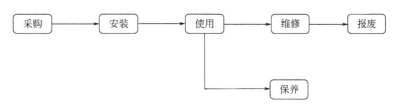

图 7.3-5　建筑设备管理的全生命周期节点图

7.3.5　BIM在建筑设备管理的应用需求

　　BIM技术的引入，使得智慧运维系统能够将传统各条线分割的运维信息集成统一到一个平台上，实现空间、资产、维保等各类信息的关联，并通过图形化一次查阅，后勤信息化水平将实现质的飞跃。

　　1. 运维管理

　　BIM智慧运维通过信息自动采集、集成、处理，能够及时发现隐患并预警，未雨绸缪做好防范；通过采用U3D图形处理引擎，并结合了VR和AR技术，使得平台的3D图形和现场高度一致，通过实景仿真和数据的实时对接，能够完善预案，高效进行应急处置，大幅降低运维管理的安全风险。

2. 空间管理

BIM具有空间三维显示功能，能全方面、无死角呈现建筑物的每个功能位置，能实现对建筑物空间的合理利用提供前瞻性管理手段，对建筑物设备位置的变动提供长期跟踪记录保存，方便设备的有效利用和建筑物功能的合理场景应用。

3. 能源管理

能耗管理采用BIM探测、云计算、精细计量、数字传感等先进技术，实时、全面、准确地采集水、电、油、气、冷热量等各种能耗数据，动态分析能耗状况、辅助制定并不断优化节能方案、智能控制耗能设备的最佳运行状态、实时准确地核算节能量，具有在线计量、监测、分析、控制、管理等功能，为用能单位实施定额控制、制定节能措施、提高节能效率、核定节能收益提供科学、有效的实时管控手段，是精细化、智能化、现代化的节能减排管理不可或缺的重要保障。

7.3.6 案例分析

本项目包括了甲级办公楼、五星级酒店、商业和出售公寓。塔楼被规划为中央商务区内最高的建筑，高度为388m，将成为天津及天津周边的地标性建筑。

塔楼中区被分成四个办公楼层区域，位于7F～49F。酒店占用塔楼的高区，418间客房，酒店客房位于56F～73F。公寓占据塔楼的顶端部分，位于77F～92F，共16层。

基于 BIM 技术的某超高层项目建筑设备的能源管理，能够自动高效采集和分析所获取的能源数据，实现建筑的智能化、人性化管理，实现能源消耗信息统计与分析、能耗预警。

1. 能源消耗信息统计与分析

BIM 平台与终端建筑设备动态链接，可以实现用水、用电等能源消耗的监控。如将具有传感功能的电表与 BIM 模型连接起来，能够及时调取空调、给排水建筑设备、电梯等动力建筑设备和照明建筑设备的使用量，制作出图表供用户分析。能源消耗信息统计如图7.3-6所示。

2. 能耗预警

根据用能单位月度综合能耗趋势分析预测用能总量，并且与预警值比较判断用能总量节能目标实现情况。实时监测设备是否处于正常工作状态，对异常情况给予警报提醒。能源实时数据如图7.3-7所示。

7.3.7 结论

伴随着超高层建筑地迅猛发展，BIM技术的应用将迎来全新的一天。在超高层全生命周期中，BIM越是得到科学利用，超高层全生命周期中其价值就越能得到充分体现。两者互相促进、协同发展，必将有力地推动BIM技术在超高层建筑中应用达到新的高度。BIM在超高层全生命周期中的应用，将提高超高层建筑智能化管理水平，同时也促进BIM技术不断地创新发展。

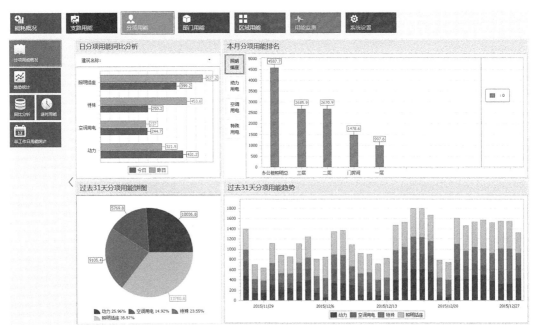

图 7.3-6　能源消耗信息统计图

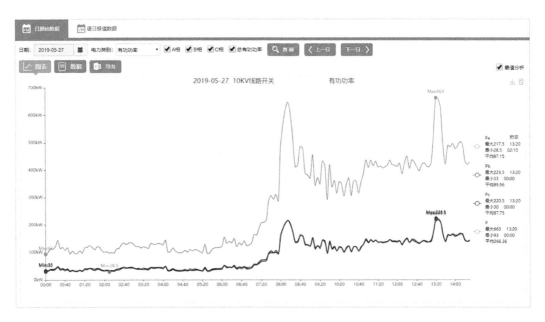

图 7.3-7　能源实时数据图

第二篇 ｜ 实践篇

1. 上海白玉兰广场

立面图

项目简介:

  上海白玉兰广场占地5.6万㎡,总建筑面积为42万㎡,其中地上26万㎡,地下16万㎡,包括一座办公塔楼、酒店塔楼、展馆建筑以及裙楼。

  项目包括一座66层320m高的办公塔楼,一座39层171.7m高的酒店塔楼和一座2层57.2m高的展馆(白玉兰馆),建筑连接着3层高的西北零售裙楼。东裙楼4层高,包括商业零售和影院。西南裙楼4层高,包括2~4层(包括2层宴会厅)的酒店休闲娱乐层以及首层零售。酒店西塔楼提供393套客房和辅助服务设施,包括游泳池、宴会厅和会议室、水疗中心、健身中心和特色餐厅等。

  上海白玉兰广场的裙房建筑借鉴了河谷的流线形,左侧曲线形的下沉式广场和右侧曲线形的中庭空间,一内一外,寓意了上海的黄浦江和苏州河。

总平面图

A. 项目概况

项目所在地		上海
建设单位		上海金港北外滩置业有限公司
总建筑面积		约 42.3 万 m²
建筑功能（包含）		办公、商业、酒店
各分项面积及功能	320m 塔楼	66 层，约 13.6 万 m²；办公
	172m 塔楼	39 层，约 6.2 万 m²；酒店
	白玉兰馆	2 层，约 0.3 万 m²；展馆
	裙房商业	4 层，约 4.2 万 m²；商业
	地下室	地下 4 层，约 16 万 m²；商业（约 4 万 m²）、酒店后勤（约 0.7 万 m²）、车库、机房
建筑高度		1# 塔楼 320m、2# 塔楼 172m、展厅 52.75m
结构形式		核心筒 + 钢骨柱 + 外伸臂桁架 + 环带桁架 + 外围斜撑
酒店品牌		W 酒店

避难层 / 设备层分布楼层及层高	楼层	3	4	18	34	35	50	65	66
	层高（m）	4.5	4.5	4.5	4.5	5.5	4.5	5.8	10.1

设计时间	2006 ~ 2011 年
竣工时间	2016 年

B. 供配电系统

申请电源	2 路 10kV（酒店）；2 路 35kV（非酒店）		
总装机容量（MVA）	48.9		
变压器装机指标（VA/m²）	117		
实际运行平均值（W/m²）			
供电局开关站设置	□有　■无	面积（m²）	

C. 变电所设置

变电所位置	电压等级	变压器台数及容量	主要用途	单位面积指标
B1	35/10kV	2×16000kVA	非酒店区域总用电	
3F	10/0.4kV	6×1600kVA	低区办公	
35F	10/0.4kV	4×1600kVA	中区办公	
65F	10/0.4kV	4×1600kVA	高区办公	
B3	10/0.4kV	2×1600kVA	办公冷冻机房	
B1	10/0.4kV	2×2000 kVA +6×1600 kVA +2×1250 kVA +2×1000kVA	商业及车库	
B3	10/0.4kV	2×1250kVA	商业冷冻机房	
B1	10/0.4kV	4×1600 kVA +2×1250kVA	酒店	

D. 柴油发电机设置

设置位置	电压等级	机组台数和容量	主要用途	单位面积指标
B1	10kV	2×1800kW（常用）	应急（商业 + 车库）	
B1	10kV	1×1800kW（常用）	应急（办公）	
B1	0.4kV	1×1800kW（常用）	应急（酒店）	
B1	10kV	3×1800kW（常用）	应急（租户）	

变电所分布图：

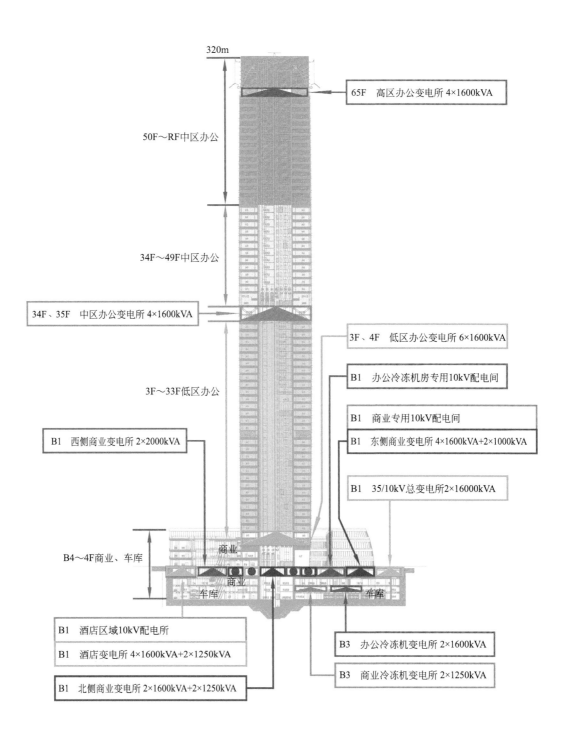

320m

65F　高区办公变电所 4×1600kVA

50F～RF中区办公

34F～49F中区办公

34F、35F　中区办公变电所 4×1600kVA

3F、4F　低区办公变电所 6×1600kVA

B1　办公冷冻机房专用10kV配电间

3F～33F低区办公

B1　商业专用10kV配电间

B1　东侧商业变电所 4×1600kVA+2×1000kVA

B1　西侧商业变电所 2×2000kVA

B1　35/10kV总变电所 2×16000kVA

B4～4F商业、车库

商业

商业

车库

车库

B1　酒店区域10kV配电所

B1　酒店变电所 4×1600kVA+2×1250kVA

B3　办公冷冻机变电所 2×1600kVA

B3　商业冷冻机变电所 2×1250kVA

B1　北侧商业变电所 2×1600kVA+2×1250kVA

柴油发电机房分布：

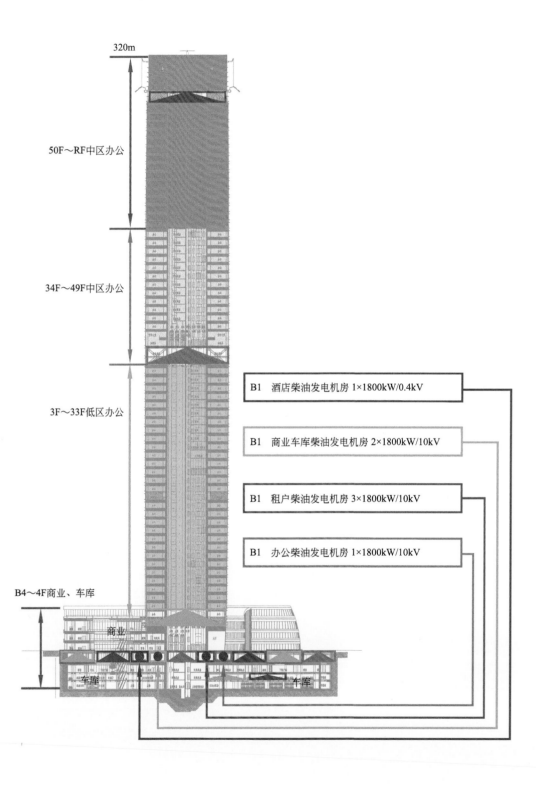

320m

50F～RF中区办公

34F～49F中区办公

3F～33F低区办公

B4～4F商业、车库

商业

车库

车库

B1　酒店柴油发电机房 1×1800kW/0.4kV

B1　商业车库柴油发电机房 2×1800kW/10kV

B1　租户柴油发电机房 3×1800kW/10kV

B1　办公柴油发电机房 1×1800kW/10kV

超高层建筑电气设计关键技术研究与实践

供电单线示意图：

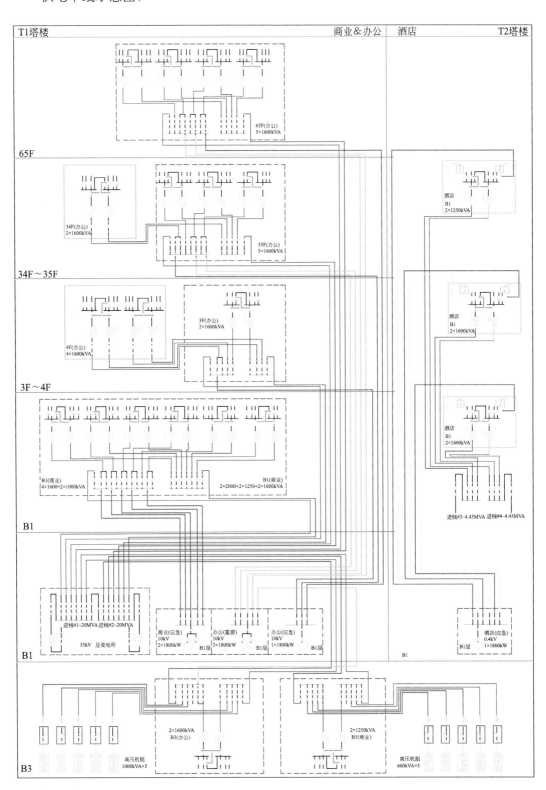

1. 上海白玉兰广场

立面图

项目简介：

　　本项目位于武汉CBD核心区南角，由一幢438m88层的超高层塔楼、裙房以及地下室组成，为酒店、公寓、商业和办公功能的商业综合体。武汉中心占地约2.81公顷，总建筑面积约367万m²，其中，地上建筑面积约27万m²，设置1300个机械式停车位，建筑高度438m，地下4层（局部5层），地上88层。

　　酒店主要分布在地下1F、地下一夹层、塔楼1F～3F、裙房3F以及塔楼63F以上部分；办公主要分布在塔楼一层、塔楼4～30层；公寓主要分布在塔楼一层、塔楼31～62层；商业主要分布在裙房以及地下一层；地下室为四层，主要功能为车库以及机房，其中地下四层车库区域为人防。

总平面图

A. 项目概况

项目所在地	武汉	
建设单位	武汉王家墩中央商务区建设投资有限公司	
总建筑面积	约 36 万 m²	
建筑功能（包含）	办公、商业、酒店、公寓	

各分项面积及功能	塔楼	约 23.9 万 m²；酒店、办公、公寓、观光阁
	裙房	约 3.3 万 m²；商业、会议中心
	地下室	约 9 万 m²；商业、后勤、车库

建筑高度	塔楼 438m					
结构形式	框架 - 核心筒结构体系					
酒店品牌	凯悦酒店					
避难层 / 设备层分布楼层及层高	楼层	5	18	31	47	63	86
	层高（m）	5.9	6.6	6.6	6.3	6.3	6.3
设计时间	2009 ~ 2012					
竣工时间						

B. 供配电系统

申请电源	六路 10kV		
总装机容量（MVA）	36.7		
变压器装机指标（VA/m²）	103		
实际运行平均值（W/m²）			
供电局开关站设置	□有 ■无	面积（m²）	

C. 变电所设置

变电所位置	电压等级	变压器台数及容量	主要用途	单位面积指标
B1	10/0.4kV	4×2000kVA	商业 + 车库 + 冷冻机房	
5F	10/0.4kV	2×1000kVA+2×800kVA	低区办公	
18F	10/0.4kV	2×1000kVA+2×1250kVA	高区办公	
31F	10/0.4kV	4×800kVA	低区公寓	
47F	10/0.4kV	4×800kVA	高区公寓	
B1	10/0.4kV	2×1600kVA	低区酒店	
75F ~ 78F	10/0.4kV	2×1000kVA+4×1250kVA	高区酒店 + 观光阁	

D. 柴油发电机设置

设置位置	电压等级	机组台数和容量	主要用途	单位面积指标
B1	10kV	2×1600kVA（常用）	酒店	
B1	10kV	1×1250kVA（常用）	公寓	
B1	0.4kV	2×1600kVA（常用）	办公 + 商业 + 车库	
B1	0.4kV	3×1000kVA（常用）	租户（专用）	

变电所分布图:

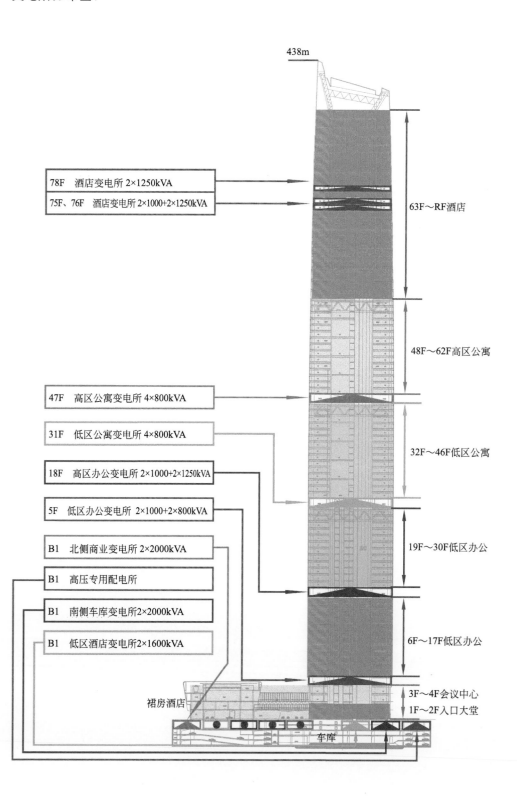

438m

78F　酒店变电所 2×1250kVA

75F、76F　酒店变电所 2×1000+2×1250kVA

63F～RF酒店

48F～62F高区公寓

47F　高区公寓变电所 4×800kVA

31F　低区公寓变电所 4×800kVA

32F～46F低区公寓

18F　高区办公变电所 2×1000+2×1250kVA

5F　低区办公变电所 2×1000+2×800kVA

19F～30F低区办公

B1　北侧商业变电所 2×2000kVA

B1　高压专用配电所

B1　南侧车库变电所2×2000kVA

6F～17F低区办公

B1　低区酒店变电所2×1600kVA

裙房酒店

3F～4F会议中心
1F～2F入口大堂

车库

柴油发电机房分布:

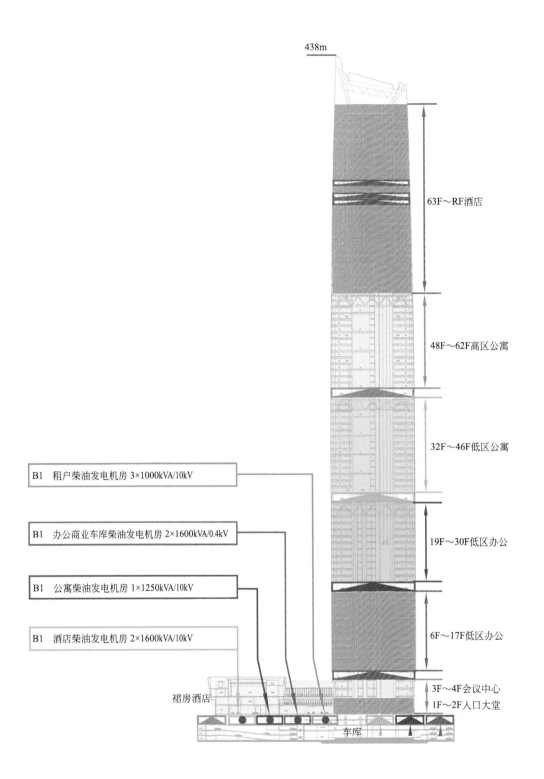

438m

63F～RF酒店

48F～62F高区公寓

32F～46F低区公寓

| B1 | 租户柴油发电机房 3×1000kVA/10kV |

19F～30F低区办公

| B1 | 办公商业车库柴油发电机房 2×1600kVA/0.4kV |

| B1 | 公寓柴油发电机房 1×1250kVA/10kV |

6F～17F低区办公

| B1 | 酒店柴油发电机房 2×1600kVA/10kV |

3F～4F会议中心
1F～2F入口大堂

裙房酒店

车库

供电单线示意图:

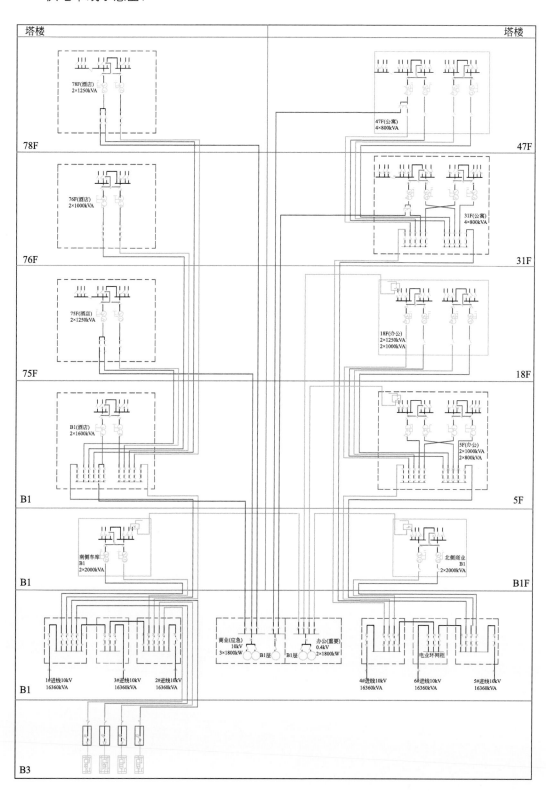

超高层建筑电气设计关键技术研究与实践

3. 成都绿地中心

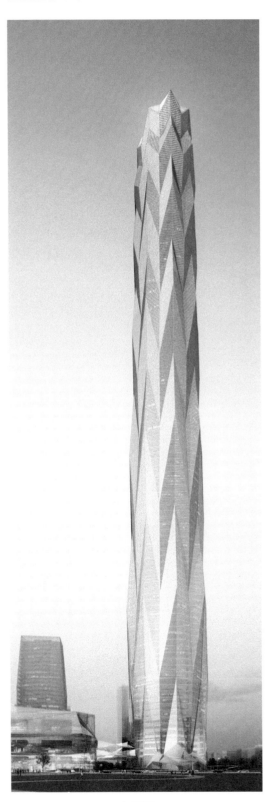

项目简介:

    本项目位于四川省成都市龙泉驿区,东村新区核心区北入口门户,中央绿轴西侧。周边道路东侧为银木街,西侧为椿木街,南侧为杜鹃街,北侧为驿都大道。基地东西长221m(北侧),南北宽125m(东侧)。建设用地面积约为24530.39m²。

    成都绿地中心主塔楼468m的高度将创立西南第一的高度。综合体方案将成都城市结构、山水田园为发展方向;地域风俗文化结合传统文化,融古汇今。创造舒适的城市花园环境,提供车辆、行人和地铁便利的公共交通格局;打造集商务办公、会议和购物、娱乐、酒店为一体的城市枢纽。建筑与结构完美结合,充分考虑了在高地震区结构设计的本质,采用几何平面和收分的体系以及高性能的结构斜撑,来保证高效稳定的超高层结构。景观设计演绎了自然山区地形的特征,缔造了天地交汇的起伏动人的城市绿地空间。建筑幕墙、机电和其他系统都以高效、节能为目标,旨在打造全新一代的生态蜀峰。

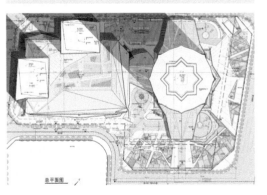

立面图   总平面图

A. 项目概况

项目所在地		成都					
建设单位		绿地集团成都蜀峰房地产开发有限公司					
总建筑面积		456277.55m²					
建筑功能（包含）		办公、商业、酒店、公寓					
各分项面积及功能	T1 塔楼	230776.49m²；办公、行政公馆、5 星酒店和天际会所					
	T2 塔楼	40087.94m²；酒店公寓					
	T3 塔楼	41604.32m²；酒店公寓					
	裙房	32070.2m²；商业、会议中心					
	地下室	111432m²；商业、酒店后勤、车库					
建筑高度		T1 塔楼 468m、T2 塔楼 159.375m、T3 塔楼 166.375m、裙房 29.25m					
结构形式		核心筒 + 钢骨柱 + 外伸臂桁架 + 环带桁架 + 外围斜撑					
酒店品牌		绿地铂瑞					
避难层 / 设备层分布楼层及层高	楼层	2	3	4	14	23	24	25	36
	层高（m）	6.6	3.3	3.3	4.4	6.6	3.3	3.3	4.4
	楼层	47	48	49	58	68	68M	69	73M
	层高（m）	3.3	3.3	6.6	4.4	3.3	3.3	6.6	3.3
	楼层	85	98	99					
	层高（m）	3.9	5.85	5.85					
设计时间		2015 年 4 月					
竣工时间							

B. 供配电系统

申请电源	五路 10kV；除公寓业态外均互为备用，单路最大 20000kVA	
总装机容量（MVA）	44980	
变压器装机指标（VA/m²）	98.6	
供电局开关站设置	□有　■无	面积（m²）

C. 变电所设置

变电所位置	电压等级	变压器台数及容量	主要用途	单位面积指标
B1	10/0.4kV	2×2000kVA	办公制冷机房	32.5VA/m²
B1	10/0.4kV	2×2000kVA	酒店制冷机房	49.5VA/m²
B1	10/0.4kV	2×800kVA	CEO 制冷机房	38.4VA/m²
B1	10/0.4kV	2×1600kVA	商业、车库	35VA/m²
B1	10/0.4kV	2×1250kVA	酒店后勤	242.6VA/m²
裙房 2MF	10/0.4kV	2×1250kVA	酒店会议	96.9VA/m²
裙房 3MF	10/0.4kV	4×630kVA+2×800kVA+4×1000kVA	T2、T3 塔楼	99.4VA/m²
3F、24F	10/0.4kV	2×1000kVA+2×800kVA+2×1000kVA+2×1250kVA	T1 低区办公	78VA/m²
49F	10/0.4kV	2×1000kVA+2×800kVA	T1 行政办公	86.5VA/m²
68F/98F	10/0.4kV	2×1250kVA+2×1000kVA+2×630kVA	T1 酒店	117VA/m²

D. 柴油发电机设置

设置位置	电压等级	机组台数和容量	主要用途	单位面积指标
B2	0.4kV	600kW 常载	T2 塔楼	15W/m²
B2	0.4kV	600kW 常载	T3 塔楼	14.4W/m²
B1	0.4kV	2×1600kW 常载	办公、车库	14W/m²
B1	0.4kV	2000kW 常载	预留租户	
B1	10kV	1000kW 常载	行政办公	24W/m²
B1	10kV	2×1600kW 常载	酒店	39.6W/m²

变电所分布图:

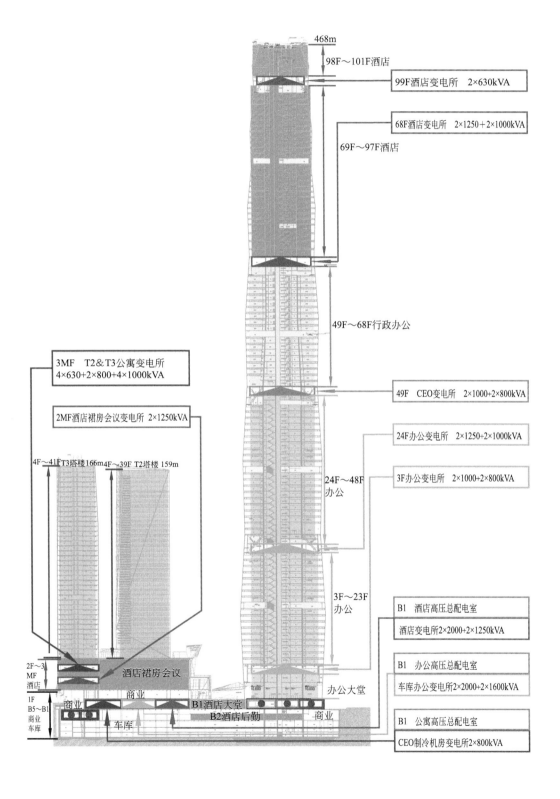

柴油发电机房分布:

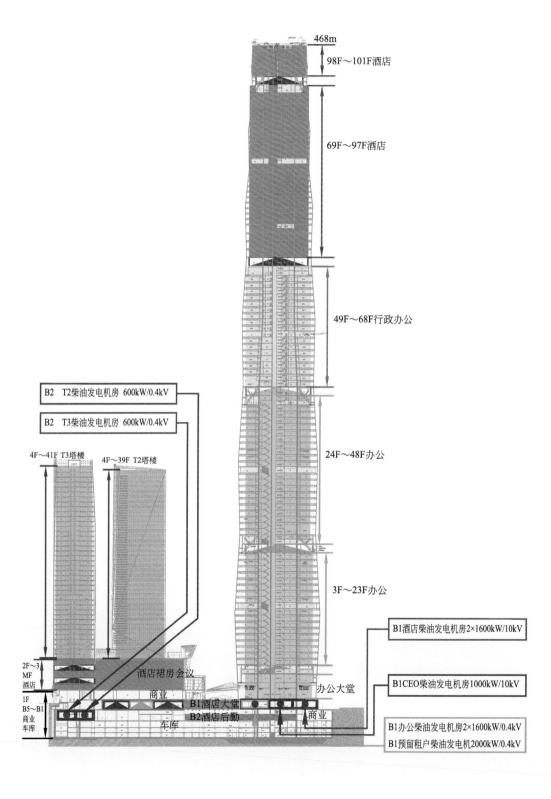

供电单线示意图:

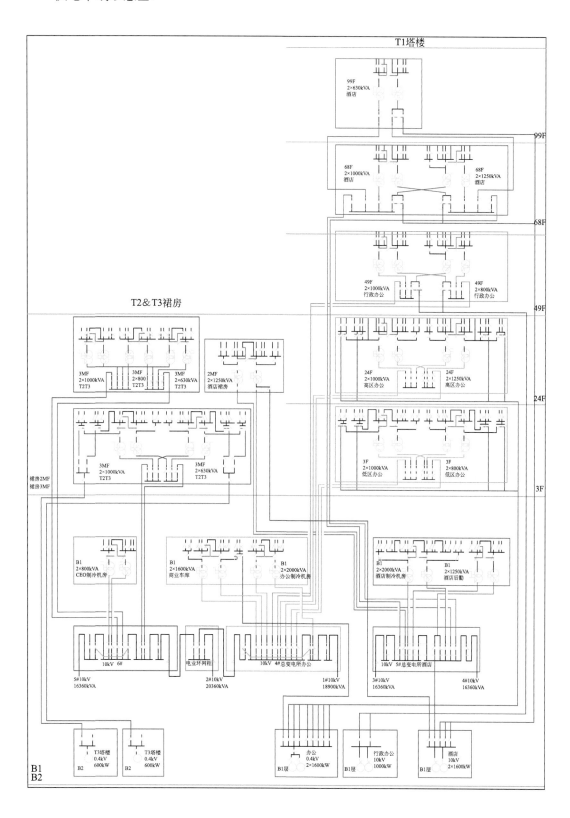

4. 深圳恒大中心

立面图

项目简介：

　　本项目为恒大总部办公大楼，位于南山区深湾三路与白石四道交汇处东南角，属于深圳湾北岸超级总部片区的核心位置，整个工程属于超高层总部办公建筑，耐火等级为一级。项目地上部分共75层，裙房区主要功能为商业、餐饮、文化展览等，塔楼部分主要功能为办公；1F塔楼部分为办公大堂，裙房部分为商业；2F塔楼部分为大堂上空与商业，裙房部分为商业；3F塔楼部分为办公大堂及办公空间，裙房部分为多功能厅；4F～5F层塔楼部分为餐饮，裙房部分为多功能厅上空及厨房；6F～9F为文化设施；10F～65F为标准层办公；66F～69F为行政办公，顶层为空中大堂。

　　项目实际总计容建筑面积为290021m²，其中地上建筑面积约为233678m²，地下建筑面积约为56343m²。建筑总层数为75层，总高度为393.9m（屋顶女儿墙高度）。

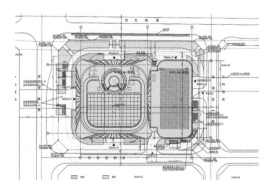

总平面图

超高层建筑电气设计关键技术研究与实践

A. 项目概况

项目所在地		深圳						
建设单位		恒大集团有限公司						
总建筑面积		290021m²						
建筑功能（包含）		办公、商业						
各分项面积及功能	塔楼	197489m²；办公						
	裙房	36189m²；商业、酒楼、文化设施、物业办公						
	地下室	56343m²；商业、车库						
建筑高度		塔楼 393.9m						
结构形式		核心筒＋钢骨柱＋外伸臂桁架＋环带桁架＋外围斜撑						
酒店品牌		无						
避难层/设备层分布楼层及层高	楼层	10	19	28	37	46	55	64	70
	层高（m）	5.3	5.3	5.3	5.3	5.3	5.3	5.3	6.1
设计时间		2020 年 6 月						
竣工时间								

B. 供配电系统

申请电源	市政提供六路独立双重 10kV 高压电源，分 2 组，每组 2 用 1 备。单路最大 8600kVA		
总装机容量（MVA）	31.5		
变压器装机指标（VA/m²）	109		
实际运行平均值（W/m²）			
供电局开关站设置	■有　□无	面积（m²）	79

C. 变电所设置

变电所位置	电压等级	变压器台数及容量	主要用途	单位面积指标
B4	10/0.4kV	2×1600kVA+4500kVA	冷冻机房	28.9VA/m²
B3	10/0.4kV	4×2000kVA	裙房商业、酒楼、文化设施及车库	80VA/m²
19F	10/0.4kV	2×1000kVA+2×800kVA	塔楼低区办公	65VA/m²
37F	10/0.4kV	2×1000kVA+2×800kVA	塔楼中区办公	76.2VA/m²
46F	10/0.4kV	2×500kVA	45F 数据中心	347.2VA/m²
55F	10/0.4kV	2×1000kVA+2×800kVA	塔楼中高区办公	74.2VA/m²
64F	10/0.4kV	4×1000kVA	塔楼高区行政办公及多功能厅	160.7VA/m²

D. 柴油发电机设置

变电所位置	电压等级	变压器台数及容量	主要用途
B1	0.4kV	2×1000kVA（常用）	应急（合用）
B1	0.4kV	2×1000kVA（常用）	应急（合用）

变电所及柴发分布图:

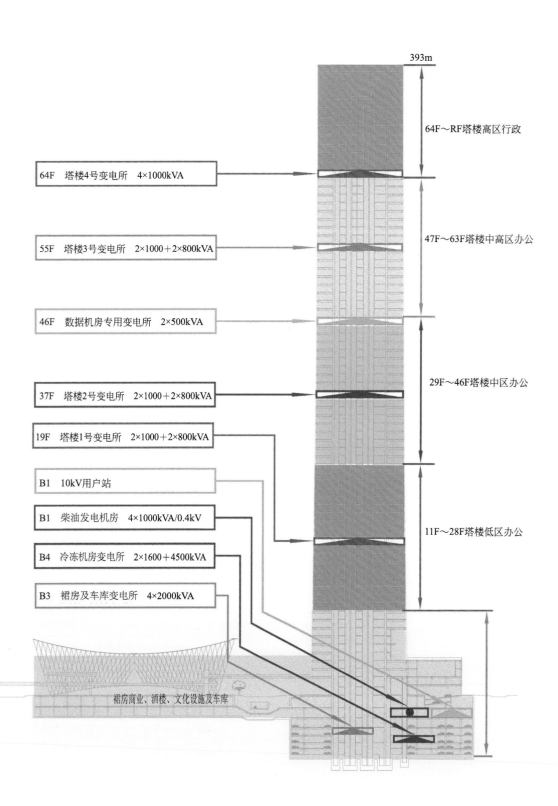

超高层建筑电气设计关键技术研究与实践

64F 塔楼4号变电所	4×1000kVA
55F 塔楼3号变电所	2×1000+2×800kVA
46F 数据机房专用变电所	2×500kVA
37F 塔楼2号变电所	2×1000+2×800kVA
19F 塔楼1号变电所	2×1000+2×800kVA
B1 10kV用户站	
B1 柴油发电机房	4×1000kVA/0.4kV
B4 冷冻机房变电所	2×1600+4500kVA
B3 裙房及车库变电所	4×2000kVA

393m

64F~RF塔楼高区行政

47F~63F塔楼中高区办公

29F~46F塔楼中区办公

11F~28F塔楼低区办公

裙房商业、酒楼、文化设施及车库

供电单线示意图：

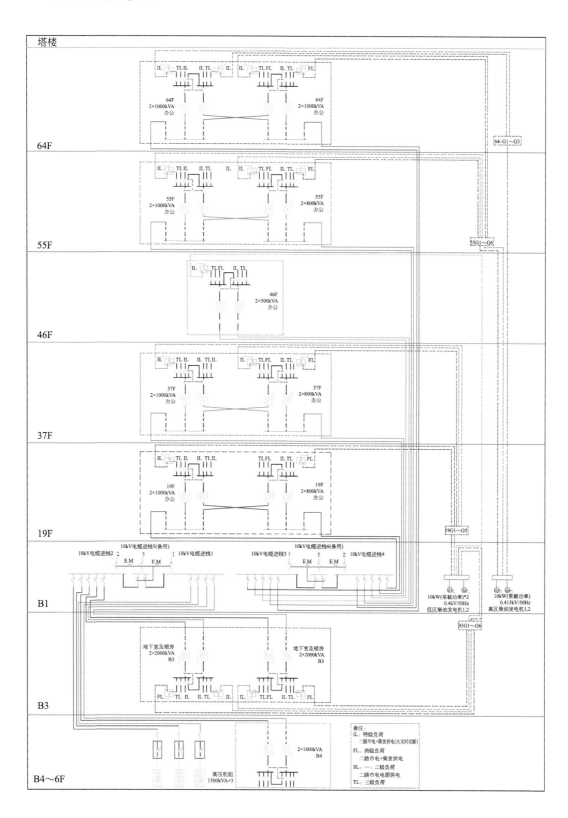

立面图

项目简介：

　　春之眼商业中心位于昆明市盘龙区中心区域，北临宝善街，南临拓东路，西临桃园街，东临北京路，该项目位于东风广场兴仁街片区CBD项目南地块，用地面积为31594.14m²，总建筑面积为585602.76m²，其中地上建筑面积455872.39m²，地下建筑面积129730.37m²，容积率为13.4。拓东路与北京路为昆明主干道，是昆明成熟的商业圈；项目距离昆明东风广场50m，距离青年路商业圈450m；北京路沿线为昆明写字楼聚集区域，项目地块可谓是昆明的商业黄金宝地。

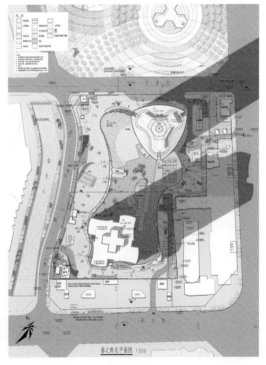

总平面图

A. 项目概况

项目所在地	昆明						
建设单位	云南俊禾房地产开发有限公司						
总建筑面积	585600m²						
建筑功能（包含）	办公、商业、酒店、其他						
各分项面积及功能	主塔楼	177543m²；办公、酒店、公寓					
	副塔楼	166026.6m²；办公、公寓					
	裙房	111701.79m²；商业、餐饮、影院					
	地下室	137657.48m²；人防、车库、设备机房、酒店后勤用房、商业等					
建筑高度	主塔楼 407m、副塔楼 295.95m、裙房 49.95m						
结构形式	带支撑框架 - 核心筒、钢框架 - 支撑筒体、带耗能支撑钢框架、框架						
酒店品牌	丽兹卡尔顿						
避难层 / 设备层分布楼层及层高	楼层	9	10	21	32	42	52	63	74
	层高（m）	6.4	5	5	8.5	5	6.8	6.2	6.2
设计时间	2016 年 5 月						
竣工时间							

B. 供配电系统

申请电源	十二路 10kV		
总装机容量（MVA）	66.3		
变压器装机指标（VA/m²）	110		
供电局开关站设置	□有 ■无	面积（m²）	

C. 变电所设置

变电所位置	电压等级	变压器台数及容量	主要用途
B4	10/0.4kV	4×2000kVA+2×1600kVA	商业及地下室南区变电所
B3	10/0.4kV	4×2000kVA+2×1600kVA	商业及地下室北区变电所
B3	10/0.4kV	2×2000kVA	商业及地下室冷冻机房变电所
B4	10/0.4kV	2×1250kVA+2×1600kVA	副塔低区变电所
9	10/0.4kV	4×1250kVA	副塔 9F 变电所
副塔 RF	10/0.4kV	4×1250kVA	副塔高区变电所
B3	10/0.4kV	2×1600kVA	主塔办公制冷机房变电所
B3	10/0.4kV	2×1250kVA+2×2000kVA	主塔办公低区变电所
主塔 42F	10/0.4kV	4×1250kVA	主塔办公高区变电所
主塔 52F	10/0.4kV	2×1000kVA	主塔办公 5 区变电所
B3	10/0.4kV	2×1250kVA	主塔酒店低区变电所
主塔 74F	10/0.4kV	4×1250kVA	主塔酒店高区变电所

D. 柴油发电机设置

B1	0.4kV	2×1500kW（常用）	地下室和商业消防负荷（专用）
B1	10kV	1×1200kW（常用）	副塔消防负荷（专用）
B1	0.4kV	2×1000kW（常用）	主塔办公消防及重要负荷（专用）
B1	10kV	1×1350kW（常用）	主塔酒店消防及重要负荷（专用）

6. 天津津塔（天津环球金融中心）

超高层建筑电气设计关键技术研究与实践

项目简介：

　　本项目位于天津市和平区，海河中上游天津市金融核心开发区的中心。项目坚持可持续发展的理念，塑造了一个重要的、新的公共开放空间来表示对天津最壮观的自然资源——海河的敬意。

　　津塔地块的规划设计有如传统的中国山水画，一栋细长的公寓楼衬托出弯曲的兴安路，高耸入云的塔楼矗立在基地东方。这座高达336.9m的华北第一高楼，其外立面造型有着与其他超高层建筑与众不同的曲线，上下缩口，中间稍大。办公塔楼的建筑表现形式在简练的造型中融入了优雅的材料质感和细部设计，塑造出现代一流国际化高层建筑特有的品质。这两栋地标性建筑沿海河界定出一个大型开放空间，自然形成居住区公园和吸引公众的休闲场所。设计中运用中国造园"借景"的手法，为公寓和办公楼展示了绝佳的户外景观。

立面图　　　　　　　　　　　　　　总平面图

A. 项目概况

项目所在地	天津	
建设单位	金融街津塔（天津）置业有限公司	
总建筑面积	344200m²	
建筑功能（包含）	办公、商业、公寓	
各分项面积及功能	塔楼	230776.49m²；办公
	地下室	40087.94m²；商业、车库
	副楼	41604.32m²；公寓
建筑高度	塔楼 336.9m、副楼	
结构形式	核心筒＋钢骨柱	
酒店品牌		

避难层/设备层分布楼层及层高	楼层	15	30	45	60			
	层高（m）	5.6	5.6	5.6	5.6			

设计时间	2006 年 6 月
竣工时间	2011 年 3 月

B. 供配电系统

申请电源	两路 35kV
总装机容量（MVA）	38
变压器装机指标（VA/m²）	110
实际运行平均值（W/m²）	
供电局开关站设置	□有 ■无　　面积（m²）

C. 变电所设置

变电所位置	电压等级	变压器台数及容量	主要用途
B1	35/0.4kV	4×1600kVA	制冷机房
B1	35/0.4kV	2×1600kVA	商业
B1	35/0.4kV	6×2000kVA+2×1600kVA	办公低区及地下室
B1	35/0.4kV	4×800kVA	公寓
45F	35/0.4kV	6×1000kVA	办公中区
60F	35/0.4kV	4×1000kVA	办公高区

D. 柴油发电机设置

设置位置	电压等级	机组台数和容量	主要用途
B1	0.4kV	2×1500kVA 常载	办公高区

项目简介：

  本项目合肥恒大C地块建设地点在位于合肥市滨湖新区CBD核心区，具备成熟商圈的条件，建成后为安徽省最高建筑，具有较强的地标性。项目南面为广阔的巢湖景观、湖景资源优势明显。地块东侧400m临近主干道包河大道，西侧庐州大道下有在建的地铁，整个CBD区路网规整交通便利。

  北侧A、B地块为在建的零售商业中心，是本项目的前期开发地块，东侧D地块与本项目一体规划，地下室联合建设。C、D地块地下室跨过珠海路联合建设、一体设计，四层地下室均相互连通，并与北侧A、B地块在地下一、二层也相互连通。

  合肥恒大C地块是一个综合体项目，主要的功能集办公、酒店、公寓、商业于一体，总建筑面积约为43.5万m²，总高度518m，地上110F，地下4F；基地的用地总面积约28670.5m²。

立面图

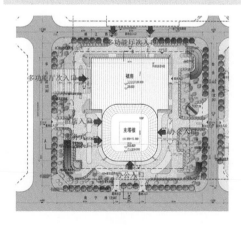

总平面图

A. 项目概况

项目所在地		合肥					
建设单位		合肥粤泰商业运营管理有限公司					
总建筑面积		43.5 万 m²					
建筑功能（包含）		办公、商业、酒店、公寓					
各分项面积及功能	裙房 + 塔楼	323500m²；办公、商业、商务公寓					
	地下室	111041m²；商业、车库、功能机房					
建筑高度		塔楼 518m					
结构形式		框架 - 核心筒混合结构 + 伸臂桁架					
酒店品牌							
避难层 / 设备层分布楼层及层高	楼层	6	13	21	30	37	46	53	62
	层高（m）	5.5	4.5	4.5	4.5	4.5	3.5	4.5	4.5
	楼层	69	78	85	90	99			
	层高（m）	4.5	4.2	4.5	4.2	4.5			
设计时间		2015 年 12 月					
竣工时间							

B. 供配电系统

申请电源	三路 20kV 两两互为备用	
总装机容量（MVA）	38.76	
变压器装机指标（VA/m²）	113	
实际运行平均值（W/m²）		
供电局开关站设置	□有　■无	面积（m²）

C. 变电所设置

变电所位置	电压等级	变压器台数及容量	主要用途	单位面积指标
B2	20/0.4kV	2×800kVA	地下车库及机房	26.2VA/m²
B1	20/0.4kV	2×500kVA	地下车库及机房	27.6VA/m²
B1	20/0.4kV	2×1000kVA	地下车库及机房	26.5VA/m²
B2	20/0.4kV	4×1600kVA	制冷机房	80.5VA/m²
B1	20/0.4kV	2×2000kVA	酒店裙房及地下室	135.6VA/m²
6F	20/0.4kV	2×1000kVA	一区办公	80.5VA/m²
22F	20/0.4kV	4×1000kVA	二区办公	83.4VA/m²
38F	20/0.4kV	4×1000kVA	三区办公	81.2VA/m²
54F	20/0.4kV	2×1250kVA+2×1000kVA	四区办公	84.7VA/m²
70F	20/0.4kV	2×630kVA+2×1000kVA	五区公寓	78.4VA/m²
86F	20/0.4kV	2×1000kVA	酒店制冷中心	90.3VA/m²
100F	20/0.4kV	4×1000kVA	高区酒店	106.8VA/m²

D. 柴油发电机设置

设置位置	电压等级	机组台数和容量	主要用途	单位面积指标
B1	0.4kV	1000kW 常载	地库及商业	37.7W/m²
B2	0.4kV	1000kW 常载	低区酒店	46.8W/m²
B1	0.4kV	2×1000kW 常载	地库及商业，办公	36.8W/m²
B1	10kV	1000kW 常载	高区办公	38.9W/m²
B2	10kV	1000kW 常载	公寓	32.4W/m²
B2	10kV	1250kW 常载	高区酒店	34.2W/m²

8. 绿地山东国际金融中心

项目简介：

    本项目位于山东省济南市中央商务区核心区，基地总用地面积为29155.9m²。绿地山东国际金融中心主塔楼428m的高度将成为济南地区第一高楼。建设包括丽兹卡尔顿五星级酒店、甲级写字楼、银行定制办公、金融类商业裙房、商业MALL的超高层城市综合体，它将成为代表济南城市形象的新地标。设计理念将从世界范围和横跨21世纪角度考虑，体现当今最先进的人文与技术思想，运用最先进的规划建筑理念，无论从哲学、美学、社会学、工程学、心理学角度分析都具有一定的前瞻性，同时在全球一体化思潮指导下，体现东西文化的融合与碰撞。在城市空间色彩、序列、建筑形态、城市天际等方面均应有其深厚的文化诠释和悠久的广泛的认知感。

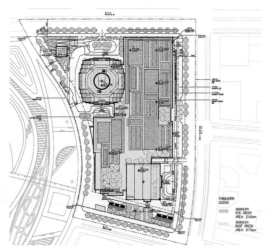

立面图   总平面图

A. 项目概况

项目所在地		济南
建设单位		绿地集团济南绿鲁置业有限公司
总建筑面积		408891.15m²
建筑功能（包含）		办公、商业、酒店、公寓
各分项面积及功能	A1 塔楼	233769.52m²；商务办公、公寓、五星级酒店
	A2 塔楼	35363.80m²；金融办公
	A3 裙房	57092.86m²；商业
	地下室	82664.97m²；商业、酒店后勤、车库、功能机房
建筑高度		A1 塔楼 428m、A2 塔楼 120.2m、A3 裙房 35.1m
结构形式		框架 - 核心筒混合结构 +1 道伸臂桁架 +2 道环带桁架
酒店品牌		丽兹卡尔顿

避难层 / 设备层分布楼层及层高	楼层	10	20	31	41	52	62	71	81
	层高（m）	4.3	6.45	4.3	6.45	6.45	4.3	10.1	5.85

设计时间	2018 年 5 月
竣工时间	

B. 供配电系统

申请电源	四路 10kV 互为备用
总装机容量（MVA）	33.06
变压器装机指标（VA/m²）	80.83
供电局开关站设置	□有　■无　　面积（m²）

C. 变电所设置

变电所位置	电压等级	变压器台数及容量	主要用途	单位面积指标
B3	10/0.4kV	2×630kVA	A1 酒店冷冻机房	26.2VA/m²
B2	10/0.4kV	2×1600kVA+2×1000kVA	A1 办公低区及地下室	63.4VA/m²
B1	10/0.4kV	2×800kVA	A1 酒店地下室后勤区域及宴会厅	113.9VA/m²
B1	10/0.4kV	2×1600kVA	A2 办公	77.3VA/m²
B1	10/0.4kV	2×1600kVA+2×1250kVA	A3 裙房商业	85.4VA/m²
41F	10/0.4kV	2×1000kVA+2×800kVA	A1 办公中高区	62.8VA/m²
52F	10/0.4kV	4×1000kVA	A1 公寓	79.4VA/m²
71F	10/0.4kV	4×1000kVA	A1 酒店	96.1VA/m²

D. 柴油发电机设置

设置位置	电压等级	机组台数和容量	主要用途	单位面积指标
B1	0.4kV	1000kW 常载	A1 办公	7.3W/m²
B1	0.4kV	1500kW 常载	A2 塔楼、A3 裙房商业	9.3W/m²
B1	10kV	1500kW 常载	A1 公寓、A1 酒店	15.5W/m²

立面图

项目简介：

    本项目位于山东省济南市中央商务区核心区，建筑主体——超高层塔楼位于东西向景观轴的西侧端部，主体塔楼呈弧线三角形，旋转角度与顺河东路、共青团路道路边线吻合。作为塔楼配套设施的商业裙房沿普利街与共青团路呈组群式展开，通过各层次封闭或敞开的连廊和屋顶的组合、连接，形成三组既分又合的组群，在兼顾与城市道路协调的同时，最大限度满足基地规划要求。同时，对预留城市绿地适当改造，结合建筑形体和城市景观，设计了绿地、广场、屋面绿化，塑造出具有个性体验式购物的商业环境和城市公园。

    项目用地总面积3.3257公顷，整个项目包括容纳办公与商务公寓的超高层塔楼、配套商业裙房、地下车库及城市绿地等功能，总建筑面积约19.7万m^2，其中地上建筑面积约14.6万m^2，地下建筑面积约5.1万m^2，建筑高度249.70m。其中超高层塔楼地上60层，附属高层裙房5层，地下3层；东侧裙房组群地上3层，地下2层；北侧裙房组群地上4层，地下1层。

总平图

A. 项目概况

项目所在地	济南						
建设单位	绿地集团济南绿鲁置业有限公司						
总建筑面积	197140m²						
建筑功能（包含）	办公、商业、商务公寓						
各分项面积及功能	裙房＋塔楼	146330m²；办公、商业、商务公寓					
	地下室	50810m²；商业、车库、功能机房					
建筑高度	塔楼292.8m						
结构形式	框架-核心筒混合结构＋伸臂桁架						
酒店品牌							
避难层/设备层分布楼层及层高	楼层	15	31	45	60		
	层高（m）	4.2	4.8	3.8	5.5		
设计时间	2011年6月						
竣工时间	2015年11月						

B. 供配电系统

申请电源	四路10kV互为备用			
总装机容量（MVA）	21			
变压器装机指标（VA/m²）	106			
实际运行平均值（W/m²）				
供电局开关站设置	□有 ■无		面积（m²）	

C. 变电所设置

变电所位置	电压等级	变压器台数及容量	主要用途	单位面积指标
B1	10/0.4kV	2×1250kVA	冷冻机房	32VA/m²
B1	10/0.4kV	2×1600kVA+2×1000kVA	主塔楼地下一层	92.4VA/m²
B1	10/0.4kV	2×1600kVA	东区裙房地下一层	93.5VA/m²
B1	10/0.4kV	2×800kVA	北区裙房地下一层	102.1VA/m²
15F	10/0.4kV	2×1250kVA	低区办公	88.2VA/m²
31F	10/0.4kV	6×1000kVA	中、高区办公	90.2VA/m²

D. 柴油发电机设置

设置位置	电压等级	机组台数和容量	主要用途	单位面积指标
B1	0.4kV	1600kW常载	整个地块	16W/m²

立面图

项目简介：

项目地处南昌市的重要位置，地块南至紫阳大道，东至创新一路。作为南昌市高新区的标志性塔楼，设计不仅要考虑向外远眺的景色，还要考虑到高新科技区未来的商业核心区的重要作用。优越的地理位置为人们到达自然休闲区提供了良好的出入通行系统以及便捷的交通。

绿地紫峰大厦是南昌市一个标志性和象征性的建筑，项目设计考虑了项目与城市以及周围环境之间的关系。塔楼到屋顶的高度为249.5m，到"花冠"顶部的高度为268m。包括一座56层的多用途塔楼、一座高达5层的裙楼以及地下两层的车库。

建筑面积：约210963m²（地上、地下之和）。地上总面积为145583m²，地下总面积为65380m²。塔楼里的办公部分面积占68903m²，酒店部分占37271m²。商业零售面积39409m²。

层数：地下2层，超高层塔楼地上56层，6F～37F为办公层，38F～55F为酒店，裙楼商业用房地上5层。

A. 项目概况

项目所在地		南昌			
建设单位		南昌绿地申新置业有限公司			
总建筑面积		210963m²			
建筑功能（包含）		办公、商业、酒店			
各分项面积及功能	塔楼	68903m²；办公			
		37271m²；酒店			
	裙房	39409m²；商业、酒店			
	地下室	65380m²；酒店后勤、车库、设备机房			
建筑高度		塔楼 268m、裙房 30.5m			
酒店品牌		绿地铂瑞			
避难层/设备层分布楼层及层高	楼层	15	27	38	38M	52
	层高（m）	4.1	4.1	4.1	4.0	3.7
设计时间		2012 年			
竣工时间		2015 年			

B. 供配电系统

申请电源	四路 10kV		
总装机容量（MVA）	30.696		
变压器装机指标（VA/m²）	145		
供电局开关站设置	□有 ■无	面积（m²）	

C. 变电所设置

变电所位置	电压等级	变压器台数及容量	主要用途	单位面积指标
B1	10/0.4kV	2×1600kVA	酒店	
B1	10/0.4kV	1×800kVA	酒店应急	
B1	10/0.4kV	2×1000kVA+2×800kVA	商业	
B1	10/0.4kV	2×1600kVA	商业应急	
B1	10/0.4kV	2×1000kVA+2×1600kVA	低区办公	
B1	10/0.4kV	1×1000kVA	低区办公应急	
38F	10/0.4kV	2×1000kVA+2×1250kVA	酒店	
38F	10/0.4kV	1×800kVA	酒店应急	
38F	10/0.4kV	4×1000kVA	高区办公	
38F	10/0.4kV	1×800kVA	高区办公应急	

D. 柴油发电机设置

设置位置	电压等级	机组台数和容量	主要用途	单位面积指标
B1	10kV	1×1600kVA	酒店	
B1	10kV	1×2500kVA	商业	
B1	10kV	1×2500kVA	办公	

立面图

项目简介：

工程建设用地位于南京市建邺区城市越江通道和城市主干道交叉口的东北角，总建筑裙房设置在超高层塔楼的底部，覆盖整个地块，超高层塔楼以"品"字，按一定的距离关系布置于基地东北部位。在三栋超高层塔楼上部设置空中平台，整合成一个整体。项目建设用地面积50071.2m^2，总建筑面积917907m^2。其中地下216507m^2，地上701400m^2。

本工程为综合体，划分为六个部分：地下室4层；三栋超高层塔楼分别为：T1塔楼76层，高度为368.05m，T2塔楼68层，高度328.05m及T3塔楼60层，高度300.05m；T5为连接三个塔楼的空中平台（43~48层），商业裙房T4为9层（局部10层，高度59.5m），附建15层的斜楼板式地上汽车库（车库顶部两层配置电影放映厅，与商业的9层同一标高）。T1塔楼为办公、酒店综合体；T2、T3为办公；T4裙房功能为商业、停车及酒店配套、餐饮；T5空中平台从功能划分上属于酒店；设有四层地下室及局部夹层，作为地下商业、机动车和非机动车停车库、后勤用房、卸货区、设备用房以及人防掩蔽区。

总平面图

A. 项目概况

项目所在地	南京			
建设单位	南京建邺金鹰置业有限公司			
总建筑面积	917907m²			
建筑功能（包含）	办公、商业、酒店、观光			
各分项面积及功能	T1 塔楼	175846.37m²；办公、酒店		
	T2 塔楼	103896.14m²；办公		
	T3 塔楼	87701.93m²；办公		
	T4 裙房	234157.31m²；商业		
	T5 空中平台	64078.62m²；酒店		
	地下室	252226.57m²；商业、酒店后勤、车库、功能机房		
建筑高度	T1 塔楼 368m、T2 塔楼 328m、T3 裙房 300m			
结构形式	框架 - 核心筒混合结构 +1 道伸臂桁架 +2 道环带桁架			
酒店品牌	自管			
避难层 / 设备层分布楼层及层高	楼层	10	27	43	59
	层高（m）	4.3	4.3	8	4.3
设计时间	2013 年 5 月			
竣工时间				

B. 供配电系统

申请电源	八路 10kV 互为备用	
总装机容量（MVA）	71.426	
变压器装机指标（VA/m²）	78	
供电局开关站设置	□有　■无	面积（m²）

C. 变电所设置

变电所位置	电压等级	变压器台数及容量	主要用途	单位面积指标
B3	10/0.4kV	8×1600kVA+10×2000kVA	T4 裙房商业及地下	130VA/m²
10F	10/0.4kV	2×1250kVA	T1 酒店宴会后勤	106VA/m²
27F	10/0.4kV	2×1000kVA+2×1250kVA	T1 中低区办公	73VA/m²
27F	10/0.4kV	2×800kVA+2×1000kVA	T2 中低区办公	72VA/m²
27F	10/0.4kV	4×800kVA	T3 中低区办公	79VA/m²
43F	10/0.4kV	2×630kVA+2×1250kVA	T5 空中平台	59VA/m²
43F	10/0.4kV	2×1000kVA+2×1250kVA	T1 高区酒店	77VA/m²
43F	10/0.4kV	2×800kVA+2×1000kVA	T2 高区办公	75VA/m²
43F	10/0.4kV	2×800kVA+2×1000kVA	T3 高区办公	76VA/m²

D. 柴油发电机设置

设置位置	电压等级	机组台数和容量	主要用途	单位面积指标
B1	10kV	3×2500kVA 常载	整个项目消防	8.2VA/m²

项目简介:

　　本项目位于深圳南山区蛇口,是前海蛇口自贸区重要成员;太子湾包含蛇口客运港及其周边一突堤,位于深圳市南山区的南端。本项目包括了甲级办公楼、五星级酒店、商业和观光功能。塔楼被规划为中央商务区内最高的建筑,高度为374m,将成为深圳南山及周边的地标性建筑。

　　本项目是以超高层塔楼和裙房组成的混合功能建筑工程。塔楼办公楼层位于5F～38F。酒店在塔楼的高区,位于40F～54F。观光层位于55F～ROOF。整体的设计围绕着深圳及太子湾独有的3个元素展开:自然,科技及开放多元的文化。未来的超高层将充分考虑空间与人的互动,塔楼坐落于一个联通,开放的花园裙房之上,更好地服务于越来越重视流动性、社会参与度和自我表达的新一代。

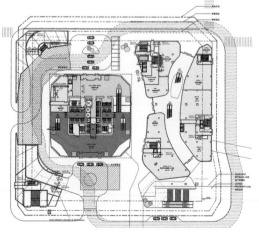

立面图　　　　　　　　　　　总平面图

A. 项目概况

项目所在地		深圳
建设单位		商岸置业（深圳）有限公司
总建筑面积		192000m²
建筑功能（包含）		酒店、商业、办公
各分项面积及功能	塔楼	81716m²；办公
	塔楼	40284m²；酒店
	塔楼	7000m²；观光
	裙房	13047m²；商业、酒店配套
	地下室	50053m²；商业、酒店后勤、车库、功能机房
建筑高度		塔楼374m
结构形式		框架-核心筒混合结构+1道伸臂桁架+2道环带桁架
酒店品牌		丽思卡尔顿

避难层/设备层分布楼层及层高	楼层	4M	11	20	29	39	46	55
	层高（m）	4.8	5.6	4.8	5.6	5.6	4.8	5.6

设计时间	2020年5月
竣工时间	

B. 供配电系统

申请电源	两路10kV互为备用		
总装机容量（MVA）	21100		
变压器装机指标（VA/m²）	110		
供电局开关站设置	■有　□无	面积（m²）	60

C. 变电所设置

变电所位置	电压等级	变压器台数及容量	主要用途	单位面积指标
B2	10/0.4kV	2×800kVA+2×2000kVA	办公及地下室	96VA/m²
B2	10/0.4kV	2×1000kVA	酒店低区	107VA/m²
B2	10/0.4kV	2×20000kVA	商业	123VA/m²
B1	10/0.4kV	2×1600kVA	办公低区	97VA/m²
29F	10/0.4kV	4×800kVA	办公中区	99VA/m²
39F	10/0.4kV	4×800kVA	酒店高区	95VA/m²
55F	10/0.4kV	2×1000kVA	观光高区	185VA/m²

D. 柴油发电机设置

设置位置	电压等级	机组台数和容量	主要用途	单位面积指标
B1	0.4kV	1×1200kW 常载	办公	17W/m²
B1	0.4kV	1×1200kW 常载	酒店	29W/m²
B1	0.4kV	1×800kW 常载	商业	13W/m²
B1	0.4kV	1×640kW 常载	观光	79W/m²

13. 苏州东方之门

超高层建筑电气设计关键技术研究与实践

立面图

项目简介：

　　东方之门位于苏州工业园区CBD轴线的东端，东临星港街及金鸡湖，西面为园区管委会大楼及世纪金融大厦。由上海至苏州的轻铁线穿过本项目。本项目处于整个CBD发展区乃至工业园区的龙头位置。基地东为星港街，南面为小河，西面紧邻规划地块，北侧为城市绿带和城市道路。

　　总基地面积为24319m²。总建筑面积（包括地下部分）为454057.97m²，其中地上建筑面积340972.89m²，地下建筑面积为113085.08m²。项目将发展成一个综合性多功能的超大型单体公共建筑。主要功能是综合性商业、餐饮、观光、办公、酒店式公寓和五星级酒店。地下室用作商业、停车库和设备用房。

　　设计充分利用项目五星级酒店以及10万m²商场的优势使两者相辅相成，加之双塔之间步行景观带提供的空间，创造了一个苏州及金鸡湖地区新的娱乐及商业中心。

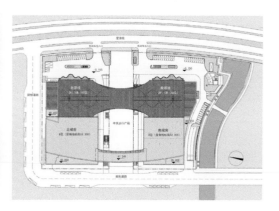

总平面图

A. 项目概况

项目所在地	苏州							
建设单位	苏州乾宁置业有限公司							
总建筑面积	454057.97m²							
建筑功能（包含）	办公、商业、酒店、公寓							
各分项面积及功能	北、南塔楼	237265.14m²；办公、酒店和公寓						
	裙房	103707.75m²；商业						
	地下室	113085.08m²；商业、酒店后勤、车库						
建筑高度	281.1m							
结构形式	钢筋混凝土核心筒和钢骨混凝土框架柱加钢梁的混合结构受力体系							
酒店品牌								
避难层/设备层分布楼层及层高	楼层	北楼	1~9	RF1	10~23	RF2	24~37	RF3	38~51
	层高（m）		4.5	5.5	4.0	5.5	4.0	5.5	3.35
	楼层	RF4	52~TOP	南楼	1~9	RF1	10~26	RF2	27~43
	层高（m）	5.5	3.6		4.5	5.5	3.3	5.5	3.3
	楼层	RF3	44~57	RF4	58~TOP			
	层高（m）	5.5	3.35	5.5	3.6			
设计时间	2005~2016年							
竣工时间	2017年4月							

B. 供配电系统

申请电源	四路20kV		
总装机容量（MVA）	39.36		
变压器装机指标（VA/m²）	87		
供电局开关站设置	■有 　□无	面积（m²）	

C. 变电所设置

变电所位置	电压等级	变压器台数及容量	主要用途	单位面积指标
B1	20kV		总配电	
B4	20/0.4kV	2×2000kVA+2×2000kVA	地库	8000kVA
B4	20/0.4kV	2×3150kVA+2×1000kVA	制冷机房	8300kVA
B1	20/0.4kV	2×2000kVA+2×1000kVA	商业	6000kVA
N8F	20/0.4kV	2×800kVA	酒店	1600kVA
NR1	20/0.4kV	2×1000kVA	办公	2000kVA
NR2	20/0.4kV	2×1250kVA	办公	2500kVA
NR3	20/0.4kV	2×1000kVA	酒店	2000kVA
NR4	20/0.4kV	2×1250kVA	酒店	2500kVA
SR1	20/0.4kV	2×1000kVA	商业	2000kVA
SR1	20/0.4kV	2×630kVA+2×800kVA	公寓	2860kVA
SR3	20/0.4kV	2×800kVA	公寓	1600kVA

D. 柴油发电机设置

设置位置	电压等级	机组台数和容量	主要用途	单位面积指标
B1	6.6kV	2×2000kW 常载	应急（合用）	4000kW

14. 苏州国际金融中心

立面图

项目简介:

　　苏州国际金融中心超高层项目位于苏州工业园区苏州大道东409号，思安街以西、苏州大道东以南，时韵街以东，地处苏州自贸区金鸡湖商贸区湖东CBD核心区，为苏州第一高楼。总建筑面积为382980.20m²。项目由T1、T2、T3三栋塔楼及地下室组成，其中：T1塔楼共91层、总高450m（屋面高度为414.90m），由办公、公寓、酒店和配套设备用房组成。T2塔楼共13层、屋面高度为55.65m，为办公业态。T3塔楼共12层、屋面高度为55.65m，由办公和首层商业组成。地下室共4层和1个地下夹层，由设备用房、停车库及配套后勤用房组成。本工程地上建筑耐火等级为一级，地下室耐火等级为一级。

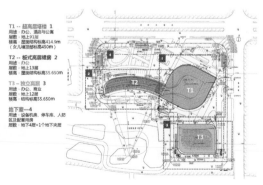

T1 -- 超高层塔楼 1
用途：办公、酒店与公寓
层数：地上91层
楼高：屋面结构标高414.9m
（女儿墙顶层标高450m）

T2 -- 板式高层楼房 2
用途：办公
层数：地上13层
楼高：屋面结构标高55.650m

T3 - 独立高层 3
用途：办公、商业
层数：地上12层
楼高：结构标高55.650m

地下室-4
用途：设备机房、停车库、人防区及配套用房
层数：地下4层+1个地下夹层

总平面图

A. 项目概况

项目所在地		苏州工业园区
建设单位		香港九龙仓集团控股的苏州高龙房产发展有限公司
总建筑面积		382980.20m²
建筑功能（包含）		办公、商业、酒店、公寓
各分项面积及功能	T1 塔楼	257538.49m²；办公、公寓、酒店
	T2 塔楼	16953.94m²；办公、商业
	T3 塔楼	41595.32m²；办公
	地下室	82785m²；机房、酒店后勤、车库
建筑高度		T1 塔楼 450m、T2 塔楼 55.85m、T3 塔楼 55.65m
结构形式		核心筒＋钢骨柱＋外伸臂桁架＋环带桁架＋外围斜撑
酒店品牌		九龙仓

避难层 / 设备层分布楼层及层高	楼层	13	45	63	76	
	层高（m）	6.3	6.3	5.5	5.5	

设计时间		2012 年 4 月
竣工时间		2020 年 4 月

B. 供配电系统

申请电源	三路 20kV
总装机容量（MVA）	41.7MVA
变压器装机指标（VA/m²）	106VA/m²
实际运行平均值（W/m²）	87W/m²
供电局开关站设置	■有　□无　　　面积（m²）

C. 变电所设置

变电所位置	电压等级	变压器台数及容量	主要用途	单位面积指标
B3	20/0.4kV	6×1600kVA	塔楼	VA/m²
B3	20/0.4kV	2×1250kVA	裙房地库	VA/m²
13F	20/0.4kV	6×1000kVA	塔楼办公	VA/m²
45F	20/0.4kV	4×1250kVA+2×1000kVA	塔楼办公	VA/m²
62F	20/0.4kV	2×1250kVA	塔楼酒店	VA/m²
76F	20/0.4kV	4×1000kVA+2×1250kVA	塔楼公寓	VA/m²

D. 柴油发电机设置

设置位置	电压等级	机组台数和容量	主要用途	单位面积指标
B1	0.4kV	2×1600kW 常载	办公、车库	W/m²
B1	0.4kV	630kW 常载	酒店后勤	
B1	0.4kV	1600kW 常载	预留租户	
B1	6.6kV	1600kW 常载	公寓	W/m²
B1	6.6kV	1600kW 常载	酒店	W/m²

15. 天津117大厦

立面图

项目简介：

　　本项目位于天津市中心城区西南部，外环线绿化带外侧，与发展中的第三高教区相邻，是天津新技术产业园区的重要组成部分。项目采用传统中国城市规划的原则，以近似对称的布局，加强城市的感受。在以117办公楼为核心的开发项目中，对称布局充分体现出这个117层超高建筑的雄伟壮观的体量。

　　117办公楼约600m高，坐落在南北中轴线上，前后（南北）为两个公共广场，为这个雄伟庄严的塔楼提供了尺度适宜的过渡空间。东西两侧是约40m宽的二层高商业廊。最北面是总部办公楼E，与117办公楼在同一中轴线上，比117办公楼稍宽阔，总共37层，明显较低。在传统风水的观念中，它作为靠山，封闭并限定了用地的北界线。南广场面对主要的公共交通要道海泰东西大街，大街红线也同时为一期的南边界线。

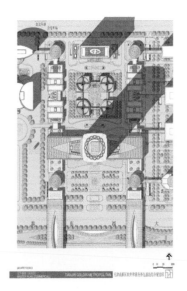

总平面图

超高层建筑电气设计关键技术研究与实践

A. 项目概况

项目所在地		天津					
建设单位		天津海泰新星房地产开发有限公司					
总建筑面积		497156m²					
建筑功能（包含）		办公、商业、酒店					
各分项面积及功能	117 塔楼酒店	85975m²					
	117 塔楼办公	72000m²					
	E 楼办公	72000m²					
	裙房	55146m²；商业					
	地下室	342572m²；商业、酒店后勤、车库					
建筑高度		117 塔楼 598m、E 楼 182m、裙房 22.7m					
结构形式		核心筒＋钢骨柱＋外伸臂桁架＋环带桁架＋外围斜撑					
酒店品牌							

避难层/设备层分布楼层及层高

楼层	L4M	L6	L18	L31	L31M	L32	L32M	L47
层高（m）	5.4	5.0	5.0	6.31	4.69	4.32	6.0	5.0
楼层	L62	L62M	L63	L63M	L78	L93	L93M	L105
层高（m）	6.31	4.69	6.32	6.0	5.0	6.31	4.69	5.0
楼层	L114M2	L115M	L117M	屋顶机房				
层高（m）	3.9	4.25	3.95	5.0				

设计时间	2014 年 5 月
竣工时间	

B. 供配电系统

申请电源	5 组 10kV；单路最大 20000kVA	
总装机容量（MVA）	44980	
变压器装机指标（VA/m²）	98.6	
供电局开关站设置	□有 ■无	面积（m²）

C. 变电所设置

变电所位置	电压等级	变压器台数及容量	主要用途	单位面积指标
B1	10/0.4kV	4×2000kVA	制冷机房变配电站（一）	
B1	10/0.4kV	4×1600kVA	制冷机房变配电站（二）	
B1	10/0.4kV	4×1600kVA	制冷机房变配电站（三）	
B1	10/0.4kV	2×1600kVA+2×2000kVA	制冷机房变配电站（四）	
B1	10/0.4kV	3×1600kVA+2×1250kVA	塔楼低区变配电站（一）	242.6VA/m²
B1	10/0.4kV	3×1600kVA+2×1250kVA	塔楼低区变配电站（二）	96.9VA/m²
31MF	10/0.4kV	8×1600kVA	塔楼中区变配电站	78VA/m²
62MF	10/0.4kV	8×1250kVA	塔楼中区变配电站	80/m²
93MF	10/0.4kV	4×1600+4×1250kVA	塔楼超高区变配电站	88VA/m²

D. 柴油发电机设置

设置位置	电压等级	机组台数和容量	主要用途	单位面积指标
B1	10kV	4×3000kVA 常载	T2 塔楼	
B1	0.4kV	4×750kVA 常载	预留租户	

16. 天津富力响螺湾

项目简介：

    本项目位于天津市滨海新区，包括甲级办公楼、五星级酒店、商业和出售公寓，将成为天津及天津周边的地标性建筑。

    本项目是以超高层塔楼和裙房组成的混合功能建筑工程。地下共规划了四层空间，提供机动车车库、设备机房、卸货平台和酒店后勤设施之用。塔楼总高388m。塔楼中低被分成四个办公楼层区域，127452m² 建筑面积的甲级写字空间，位于7F～49F。酒店占用塔楼的高区，418间客房，首层的入口与53层的酒店大堂有穿梭升降机直接相连。酒店配套设施，比如餐厅、水疗、健身房、纤体中心。游泳池等位于51F～53F。酒店客房位于56F～73F，每层为22间客房，总共提供418间客房。其他的配套设施，比如会议，餐饮和宴会厅则位于塔楼的裙房层。公寓占据塔楼的顶端部分，位于77F～92F，共16层。标准公寓层每层共有4户单元，在最顶部3层则设有5户超大公寓单元。共设有57户公寓。

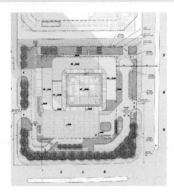

立面图   总平面图

A. 项目概况

项目所在地		天津
建设单位		天津富力滨海投资有限公司
总建筑面积		291366m²
建筑功能（包含）		酒店、商业、办公、公寓
各分项面积及功能	塔楼	127452m²；办公
	塔楼	47579m²；酒店
	塔楼	27888m²；公寓
	裙房	22304m²；商业、酒店配套
	地下室	39953m²；商业、酒店后勤、车库、功能机房
建筑高度		塔楼 388m
结构形式		框架 - 核心筒混合结构 +1 道伸臂桁架 +2 道环带桁架
酒店品牌		凯悦

避难层/设备层分布楼层及层高	楼层	12	28	39	50	56	77
	层高（m）	7	9.8	7	5.6	5.6	5.6

设计时间	2012 年 5 月
竣工时间	

B. 供配电系统

申请电源		两路 35kV 互为备用
总装机容量（MVA）		32
变压器装机指标（VA/m²）		110
供电局开关站设置	□有　■无	面积（m²）

C. 变电所设置

变电所位置	电压等级	变压器台数及容量	主要用途	单位面积指标
B2	10/0.4kV	2×1000kVA+6×1600kVA+2×2000kVA	办公及地下室	96VA/m²
B2	10/0.4kV	4×1600kVA	酒店低区	107VA/m²
B1	35/10kV	2×16000kVA	总站	110VA/m²
28F	10/0.4kV	2×800kVA+2×1000kVA	办公低区	97VA/m²
39F	10/0.4kV	4×800kVA	办公中区	99VA/m²
50F	10/0.4kV	2×1000kVA+2×1250kVA	酒店高区	95VA/m²
77F	10/0.4kV	2×800kVA+2×1000kVA	公寓高区	118VA/m²

D. 柴油发电机设置

设置位置	电压等级	机组台数和容量	主要用途	单位面积指标
B1	0.4kV	2×1600kW 常载	办公	17W/m²
B1	0.4kV	2×1000kW 常载	酒店	19W/m²
B1	0.4kV	1×640kW 常载	公寓	23W/m²

17. 武汉绿地中心

项目简介：

    武汉绿地国际金融城A01-1项目位于武昌滨江商务区，基地的用地总面积约14494m²，地面以上由一栋超高层主塔楼（1号楼）和商业及副楼综合体（2～4号楼）组成，地下室连为一个整体。

    主塔楼475m（原规划：主塔楼高636m，地上120层），包含5F～62F总面积约202430m²的办公空间、66F～85F总面积约为59455m²的Soho办公空间、87F～120F总面积约为61396m²的酒店及其配套设施区域。该塔楼设有五层地下室，包括设备用房，卸货区、车库、酒店后勤服务用房，另有用于自行车停放的夹层空间。避难层（避难区）设置在1MF、13F、23F、33F、45F、55F、65F、75F、86F共9个（原规划有:101F及116F，共计11个）。

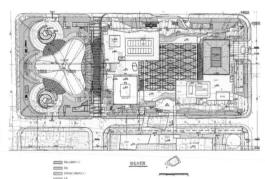

立面图　　　　　　　　　　　　　总平面图

超高层建筑电气设计关键技术研究与实践

A. 项目概况

项目所在地	武汉						
建设单位	武汉绿地滨江置业有限公司						
总建筑面积	312303.95m²						
建筑功能（包含）	办公、商业、酒店、公寓						
各分项面积及功能	塔楼	312303.95m²；商务办公、公寓、五星级酒店					
	裙房	另外子项目					
	地下室	另外子项目					
建筑高度	塔楼 475m						
结构形式	框架 - 核心筒混合结构						
酒店品牌							
避难层 / 设备层分布楼层及层高	楼层	1M	4	13	23	33	36	45	55
	层高（m）	4.5	4.5	4.5	4.5	4.5	3.5	4.5	4.5
	楼层	65	75	86					
	层高（m）	5.34	4	4					
设计时间	2014 年 12 月						
竣工时间							

B. 供配电系统

申请电源	八路 10kV 互为备用		
总装机容量（MVA）	47.97		
变压器装机指标（VA/m²）	146.7		
供电局开关站设置	□有　■无	面积（m²）	

C. 变电所设置

变电所位置	电压等级	变压器台数及容量	主要用途	单位面积指标
B2	10/0.4kV	4×1600kVA	地下车库及机房	26.2VA/m²
B2	10/0.4kV	2×1250kVA+2×2000kVA	酒店地下室后勤区域及宴会厅	115.8VA/m²
3F	10/0.4kV	2×1000kVA+2×800kVA+2×1250kVA	低区办公	79.6VA/m²
35F	10/0.4kV	2×1250kVA+2×1000kVA+2×1250kVA+2×1250kVA	中区办公	79.3VA/m²
64F	10/0.4kV	2×1000kVA+3×1250kVA	公寓	85.4VA/m²
98F	10/0.4kV	2×1000kVA+2×800kVA	A1 办公中高区	125.6VA/m²

D. 柴油发电机设置

设置位置	电压等级	机组台数和容量	主要用途	单位面积指标
B1	10kV	2×2000kW+3×2500kW 常载	酒店及消防设备	37.7W/m²

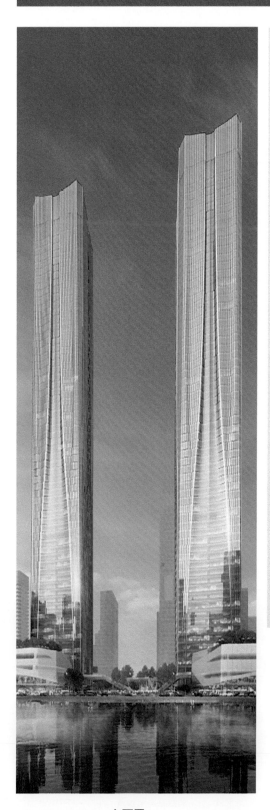

项目简介：

项目位于上海张江科学城北部的城市副中心的核心区，核心区内的57-01地块，使用性质为"商业服务业用地、商务办公用地"综合。项目包括1号办公塔楼、2号商业楼、3号商业楼及其配套的地下停车库与设备机房。

项目规模：用地面积17252m²，总建筑面积271423m²（含57-02地下及城市隧道面积）。1号塔楼地上59层（320m），2号商业楼地上3层（24m），3号商业楼地上4层（24m），地下室3层。

整个项目包括：一栋主塔，高320m。商业楼，高24m。商业裙房，高24m。三层地下空间。57-01地块地下空间与56-01地块、57-02地块（绿地）地下空间整体开发，综合利用；并与58地块与卓闻路隧道连通。地下室共3层。地下一层主要为商业、办公大堂、卸货区、机动车库及设备用房；地下二、三层为机动车库及设备用房。非机动车库设置在地下夹层及地下一层。

办公塔楼共59层，分为六个区，分别是一区3F～9F，二区11F～19F，三区21F～29F，四区31F～39F，五区43F～48F，六区50F～59F。首层大堂挑空2层；另外设有1个空中大堂，位于41F、42F。塔楼设置5个避难兼设备层，分别是10F、20F、30F、40F、49F。塔楼屋面设直升机停机坪。

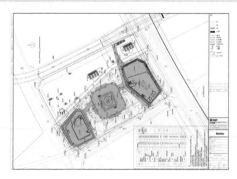

立面图   总平面图

A. 项目概况

项目所在地		上海
建设单位		陆家嘴集团上海翌久置业有限公司
总建筑面积		271423.55m²
建筑功能（包含）		办公、商业
各分项面积及功能	T1 塔楼	174578.1m²；办公
	T2 塔楼	7600m²；商业
	T3 塔楼	12030m²；商业
	地下室	71945m²；商业、车库
建筑高度		T1 塔楼 320m、T2 塔楼 24m、T3 塔楼 24m
结构形式		框架 - 核心筒结构体系
酒店品牌		

避难层 / 设备层分布楼层及层高	楼层	1	2	9	10	19	20	29	30
	层高（m）	7	7	6	6	6	6	6	6
	楼层	39	40	41	42	48	49	58	59
	层高（m）	6	6	7.9	7.6	6	6	6	9
	楼层	RF	机房层	机房屋面					
	层高（m）	4.5	7	10.350					

设计时间	2019 年 4 月
竣工时间	

B. 供配电系统

申请电源	两路 35kV；单路 16000kVA
总装机容量（kVA）	32000
变压器装机指标（VA/m²）	118
供电局开关站设置	□有　■无　　　　面积（m²）

C. 变电所设置

变电所位置	电压等级	变压器台数及容量	主要用途	单位面积指标
B1	35/10kV	2×16000kVA	整个项目	118VA/m²
B1	10/0.4kV	4×1600kVA	冷热源机房	
B1	10/0.4kV	2×2000kVA+2×800kVA	地下车库，地下机房	
B1	10/0.4kV	2×2000kVA	3 号楼商业	
B1	10/0.4kV	2×1600kVA	2 号楼	
B1	10/0.4kV	4×1250kVA	低区办公	
30F	10/0.4kV	4×1250kVA	中区办公	
49F	10/0.4kV	4×1250kVA	高区办公	

D. 柴油发电机设置

设置位置	电压等级	机组台数和容量	主要用途	单位面积指标
B1	0.4kV	1×1000kW（1250kVA）持续	2 号楼	
B1	0.4kV	640kW（800kVA）常载	预留租户	
B1	10kV	2×1600kW（2000kVA）常载	整体项目、办公楼	

19. 智能电网科研中心

立面图

项目简介:

　　本项目地处北京市朝阳区东四环与建国路交汇处。建筑性质:超高层办公、商业和酒店公寓综合体。裙房:地上8层,商业、办公、酒店;地下室:地下5层,B1~B2F地下商业、酒店后勤用房,其余为停车库和设备用房;西塔楼:共52层,办公;设备及避难层:9F、24F、39F;东塔楼:共65层,酒店及公寓;客房数706套,公寓数188套。设备及避难层:9F、23F、36F、49F、58F;建筑面积:总约50.9万 m^2 ;其中地上:约30.0万 m^2 ;地下:约20.9万 m^2 ;建筑高度:西塔楼245.2m左右;东塔楼280.6m左右。裙房37.2m左右。

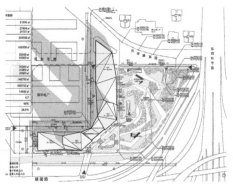

总平面图

A. 项目概况

项目所在地	北京					
建设单位	华电网有限公司					
总建筑面积	522000.05m²					
建筑功能（包含）	办公、商业、酒店					
各分项面积及功能	东塔塔楼	122623.49m²；5星酒店和酒店公寓。客房数706套，公寓数188套				
	西塔塔楼	88350.94m²；高级写字楼				
	裙房	96100.2m²；商业、酒店、会议中心、办公				
	地下室	202873m²；商业、酒店后勤、车库				
建筑高度	西塔楼245.2m左右；东塔楼280.6m左右。裙房37.2m					
结构形式	核心筒＋钢骨柱＋外伸臂桁架＋环带桁架＋外围斜撑					
酒店品牌	里兹卡尔顿					
避难层/设备层分布楼层及层高	楼层（东）	9	23	36	49	58
	层高（m）	5.5	5.5	5.5	5.5	5.5
	楼层（西）	9	24	39		
	层高（m）	5.5	5.5	5.5		
设计时间	2013年～2015年2月					
竣工时间						

B. 供配电系统

申请电源	八路10kV		
总装机容量（MVA）	50.1MVA		
变压器装机指标（VA/m²）	96VA/m²		
供电局开关站设置	■有　□无	面积（m²）	

C. 变电所设置

变电所位置	电压等级	变压器台数及容量	主要用途	单位面积指标
B3	10/0.4kV	8×2500kVA	裙房地库	32.5VA/m²
B3	10/0.4kV	4×2000kVA	西塔地库	49.5VA/m²
W21F	10/0.4kV	2×1000kVA	西塔21F以上	38.4VA/m²
W33F	10/0.4kV	2×1000kVA	西塔33F以上	35VA/m²
W46F	10/0.4kV	2×1250kVA	西塔46F以上	242.6VA/m²
B2	10/0.4kV	4×2000kVA+2×2500kVA	东塔地库	96.9VA/m²
E33F	10/0.4kV	2×800kVA	东塔33F	99.4VA/m²
E46F	10/0.4kV	2×500kVA	东塔46F	78/m²

D. 柴油发电机设置

设置位置	电压等级	机组台数和容量	主要用途	单位面积指标
B2	0.4kV	2×1200kW（1500kVA）常载	裙房地库	
B2	0.4kV	1×1600kW（2000kVA）常载	西塔	
B2	0.4kV	2×500kW（630kVA）常载	西塔租户（预留）	
B1F	0.4kV	2×1200kW（1500kVA）常载	东塔高低区	
B1F	0.4kV	×400kW（500kVA）常载	东塔中区	

20. 重庆江北嘴国际金融中心

立面图

项目简介：

项目位于重庆市江北区江北嘴中央商务区，建筑功能：住宅、商业及配套设施。本项目地上限制高度为349m，属一类高层建筑，耐火等级为一级。

包括T1、T2、T3、T4四幢塔楼、裙房和地下室。总用地面积29126m²，总建筑面积718814.54m²（其中地上总建筑面积为600345.34m²，地下建筑面积118469.20m²），计容建筑面积为550000m²。T1塔楼地上103层，T2塔楼地上73层，T3塔楼地上62层，T4塔楼地上88层，裙房地上3层，地下室6层。

本工程为江北嘴国际金融中心（暂命名）项目4号楼工程，包括89层的4号塔楼以及塔楼投影范围内的3层裙房和6层地下室，建筑面积137694.56m²。其中4号楼塔楼部分建筑面积123075.83m²，裙房部分建筑面积4621.62m²，地下部分建筑面积9997.11m²，建筑高度349m。

总平面图

超高层建筑电气设计关键技术研究与实践

A. 项目概况

项目所在地		重庆						
建设单位		重庆融创华城房地产开发有限公司						
总建筑面积		123075.83m²						
建筑功能（包含）		住宅、商业						
各分项面积及功能	T4 塔楼	123075.83m²；住宅、商业						
	裙房	4621.62m²；商业						
	地下室	9997.11m²；机房、车库						
建筑高度		T4 塔楼 349m						
结构形式		型钢混凝土框架＋核心筒						
酒店品牌								
避难层/设备层分布楼层及层高	楼层	B4	B3	11	24	37	50	63	76
	层高（m）	3.9	3.9	5.6	5.6	5.6	5.6	6.8	5.6
设计时间		2019 年 11 月						
竣工时间								

B. 供配电系统

申请电源	共十路 10kV 电源；由公变开关站引来六路，单路最大 800kVA；由专变开关站引来四路，单路最大 1000kVA
总装机容量（MVA）	8800kVA
变压器装机指标（VA/m²）	73.6VA/m²

C. 变电所设置

变电所位置	电压等级	变压器台数及容量	主要用途	单位面积指标
B3/B4F	10/0.4kV	2×1000kVA	低区专用变电所	
24F	10/0.4kV	2×800kVA	低区公用变电所	
50F	10/0.4kV	2×800kVA	中区公用变电所	
63F	10/0.4kV	2×1000kVA	高区专用变电所	
76F	10/0.4kV	2×800kVA	高区公用变电所	

D. 柴油发电机设置

设置位置	电压等级	机组台数和容量	主要用途	单位面积指标
B1F	10kV	640kW（800kVA）常载	1 号低区专用变电所	
B1F	10kV	560kW（700kVA）常载	2 号高区专用变电所	

项目简介:

绿地中心•杭州之门项目位于钱塘江东岸,设计考虑了项目与城市以及周围环境之间的关系。塔楼高63层,到屋顶的高度为282m,到冠顶的高度为302.6m。设计将为杭州市奥体博览城打造一栋地标性的新塔楼。

绿地中心•杭州之门项目是多用途开发项目,包括一座302.6m高的办公塔楼(西面),一座302.6m高的办公及酒店综合塔楼(东面),以及多幢商业建筑,其楼层数在两层到四层之间不等。地上部分总面积为359466m²,地下部分总面积为145546m²。塔楼的办公部分约为222800m²,东塔中的酒店部分约占44000m²。商业功能的总面积约为79500m²,包括约19700m²的地下1层商业面积。

立面图

总平面图

A. 项目概况

项目所在地	杭州					
建设单位	绿地控股集团杭州双塔置业有限公司					
总建筑面积	533823m²					
建筑功能（包含）	办公、商业、酒店					
各分项面积及功能	T1 塔楼	150034m²；办公				
	T2 塔楼	150034m²；办公、酒店				
	裙房	60689m²；商业				
	地下室	173067m²；商业、酒店后勤、车库、功能机房				
建筑高度	A1 塔楼 310m、A2 塔楼 310m、A3 裙房 23.9m					
结构形式	框架 - 核心筒混合结构 +1 道伸臂桁架 +2 道环带桁架					
酒店品牌						
避难层 / 设备层分布楼层及层高	楼层	9	21	32	44	55
	层高（m）	4.2	6	4.2	8	4.2
设计时间	2017 年					
竣工时间						

B. 供配电系统

申请电源	四路 20kV 互为备用		
总装机容量（MVA）	51.06		
变压器装机指标（VA/m²）	96		
供电局开关站设置	□有 ■无	面积（m²）	

C. 变电所设置

变电所位置	电压等级	变压器台数及容量	主要用途	单位面积指标
B2	20/0.4kV	4×1600kVA+2×1250kVA+2×630kVA	冷冻机房	20.1VA/m²
B1	20/0.4kV	2×1000kVA+4×1250kVA	办公＋酒店	70VA/m²
B1	20/0.4kV	8×1600kVA+2×1250kVA+2×1000kVA	商业及地下室	75VA/m²
21F	20/0.4kV	4×1000kVA+2×1250kVA	办公中区	87VA/m²
44F	20/0.4kV	6×1000kVA+2×800kVA	办公中高区＋酒店	76VA/m²
55F	20/0.4kV	2×1250kVA	办公高区	100VA/m²

D. 柴油发电机设置

设置位置	电压等级	机组台数和容量	主要用途	单位面积指标
B1	0.4kV	1000kW 常载	T2 办公	13W/m²
B1	0.4kV	1250kW 常载	T2 酒店	16.6W/m²
B1	10kV	1500kW 常载	T1 办公	10W/m²

22. 济南中信泰富

超高层建筑电气设计关键技术研究与实践

项目简介：

本项目济南中央商务区330m超高层综合体项目（A-1地块），位于山东省济南市CBD中心区，地处绸带公园东侧、南邻新泺大街、北邻横四路、东邻纵六路、西邻纵五路。本地块总用地面积21317m²。

规划建设指标为地上总建筑面积约21.76万m²，包括两座商业裙房（P1裙房、P2裙房）和两座塔楼（T1塔楼、T2塔楼），分区明确，用地节约。T1塔楼为一座326.10m的超高层办公塔楼；T2塔楼为一座121.15m高层的办公塔楼。四层的商业P1裙房连接T1和T2两座塔楼。在底层东侧道路向西延伸留出视觉通廊，形成对公园的视线穿透。地块东北侧坐落一座14.00m的商业P2裙房，各座建筑围合成中央广场。地上计容建筑面积T1塔楼约为157517m²，T2塔楼约为40653m²，裙楼P1约为17571m²，裙楼P2约为1906m²。

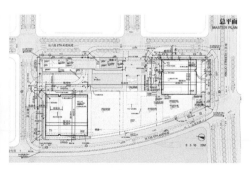

立面图   总平面图

A. 项目概况

项目所在地	济南	
建设单位	济南信泰置业有限公司	
总建筑面积	282300m²	
建筑功能（包含）	办公、商业	
各分项面积及功能	T1 塔楼	157517m²；商务／金融办公
	T2 塔楼	40653m²；商务／金融办公
	P1、P2 裙房	19477m²；商业
	地下室	64653m²；商业、酒店后勤、车库、功能机房
建筑高度	A1 塔楼 330m、A2 塔楼 120m、A3 裙房 23.7m	
结构形式	型钢混凝土柱 + 钢筋混凝土梁 + 现浇混凝土核心筒 + 现浇混凝土楼板	
酒店品牌		

避难层／设备层分布楼层及层高	楼层	11	20	30	40	51	62
	层高（m）	5.5	5.5	5.5	5.5	5.5	5.5

设计时间	2020 年 7 月
竣工时间	

B. 供配电系统

申请电源	四路 10kV 互为备用
总装机容量（MVA）	21.8
变压器装机指标（VA/m²）	78.22
供电局开关站设置	□有　■无　　面积（m²）

C. 变电所设置

变电所位置	电压等级	变压器台数及容量	主要用途	单位面积指标
B2	10/0.4kV	4×1600kVA	裙房商业及车库用电	76.1VA/m²
B2	10/0.4kV	2×1600kVA	T2 塔楼及地下室	62.4VA/m²
B2	10/0.4kV	2×1600kVA	T1 办公低区及地下室	78.7VA/m²
30F	10/0.4kV	4×1000kVA	T1 办公中区	76.2VA/m²
51F	10/0.4kV	4×1250kVA	T1 办公高区	95.3VA/m²

D. 柴油发电机设置

设置位置	电压等级	机组台数和容量	主要用途	单位面积指标
B2	0.4kV	1500kVA 常载	T1 办公	9.5W/m²
B2	0.4kV	1500kVA 常载	T2 塔楼、裙房商业及地下室	8.2W/m²

项目简介:

地块位于南京市建邺区,东至庐山路,西至江东路,北至金沙江东街,南至江山大街,地处河西CBD二期内,是青奥轴线和商务办公轴线转折承接的关键节点。该建筑建成后将成为河西地区的重要地标建筑。

项目坐落于河西中央商务区核心地段,是南京区域金融中心规划建设的核心功能载体,是推动南京金融服务业转型升级的重点项目。总建筑面积约65万~70万m²(其中地上建筑面积约50万m²,地下建筑面积约12万~15万m²),地面以上拟建多层、高层和超高层建筑约10栋,金融城将参照国际标准,统筹建设金融市场、金融交易服务、信息发布、云计算等一体化金融服务平台,形成各类现代金融工具、金融行生产品集聚的金融产业发展高地。项目内各个单体建筑多为金融机构的总部或地区总部,力求功能与造型的和谐统一、体现强烈的时代感和行业气息。

立面图

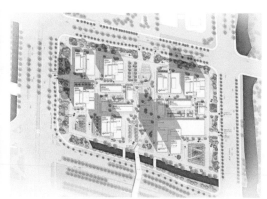

总平面图

A. 项目概况

项目所在地	南京								
建设单位	南京金融城建设发展股份有限公司								
总建筑面积	447385.22m²								
建筑功能（包含）	办公、商业、酒店								
各分项面积及功能	塔楼	319362m²，办公、酒店、商业							
	地下室	128030m²，酒店后勤、车库、功能机房							
建筑高度	塔楼 416.6m								
结构形式	外包钢 - 混凝土角部巨柱								
酒店品牌	洲际酒店								
避难层 / 设备层分布楼层及层高	楼层	7F	18F	28F	39F	50F	60F	70F	77F	86F
	层高（m）	4.5	5.5	4.5	4.5	5.5	6	4.5	6	9.1
设计时间	2019 年 1 月								
竣工时间									

B. 供配电系统

申请电源	六路 10kV 市政电源		
总装机容量（MVA）	41.7		
变压器装机指标（VA/m²）	100		
供电局开关站设置	□有　■无	面积（m²）	

C. 变电所设置

变电所位置	电压等级	变压器台数及容量	主要用途	单位面积指标
B1	10/0.4kV	2×1600kVA	冷冻机房	—
B1	10/0.4kV	2×1250kVA	商业	100VA/m²
B1	10/0.4kV	2×1250kVA	北区车库	40VA/m²
B1	10/0.4kV	4×1600kVA	C1 办公中低区	80VA/m²
B1	10/0.4kV	2×1600kVA	酒店裙房	90VA/m²
B1	10/0.4kV	2×800kVA	C3 公寓低区	75VA/m²
B2	10/0.4kV	2×1250kVA	南区车库	40VA/m²
C160F	10/0.4kV	2×800kVA	商业	100VA/m²
C150F	10/0.4kV	4×1250kVA	C1 办公高区	80VA/m²
C163F	10/0.4kV	2×1250kVA	酒店高区	75VA/m²
C328F	10/0.4kV	2×800kVA	C3 公寓高区	75VA/m²

D. 柴油发电机设置

设置位置	电压等级	机组台数和容量	主要用途	单位面积指标
B1	0.4kV	2×2000kVA（常用）	应急（办公商业合用）	11VA/m²
B1	10kV	1×1600kVA（常用）	应急（酒店）	21VA/m²

24. 南京浦口绿地

项目简介：

　　绿地南京浦口超高层项目位于南京江北新区浦口区的核心位置。塔楼高500m，位于定山大街和横山大道主要路口，从周围的其他不同高度的塔楼和建筑物中脱颖而出，位于高密度开发、适宜步行的混合用途城市地区与三角形中央公园的交汇处，将成为这里的标志性建筑，将长江和南京老城区的景观一览无余。

　　酒店宴会厅和商业裙房被设想为与定山大街和横山大道地面交叉口直接毗邻的活力中心，3条新建地铁线在地下三层换乘，地下还另设有一条庞大的地下商业长廊连接该地区很多其他地块。地下一层和首层将布置商业，下沉广场将两个楼层的商业区以及地下地铁站连为一体。二层设置一个800m²的小宴会厅，三层设置一个1200m²的大宴会厅，服务五星级酒店。

超高层建筑电气设计关键技术研究与实践

立面图

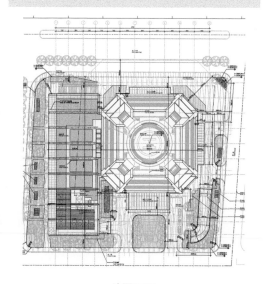

总平面图

A. 项目概况

项目所在地	南京						
建设单位	南京峰霄置业有限公司						
总建筑面积	269868m²						
建筑功能（包含）	办公、商业、酒店						
各分项面积及功能	塔楼	261179m²；办公，酒店					
	裙房	8689m²；酒店、办公、商业					
	地下室	57530m²；酒店后勤、车库、功能机房					
建筑高度	塔楼 500m						
结构形式	外包钢 - 混凝土角部巨柱						
酒店品牌	绿地自有						
避难层 / 设备层分布楼层及层高	楼层	11F	21F	31F	42F	52F	62F	73F	81F
	层高（m）	6	6	6	6	6	6	4.4	6
	楼层	83F	94F						
	层高（m）	6	3.9						
设计时间	2019 年 9 月						
竣工时间							

B. 供配电系统

申请电源	六路 10kV 市政电源		
总装机容量（MVA）	26.9		
变压器装机指标（VA/m²）	100		
供电局开关站设置	■有　　□无	面积（m²）	178

C. 变电所设置

变电所位置	电压等级	变压器台数及容量	主要用途	单位面积指标
B2	10/0.4kV	6×1250kVA	办公及商业	80VA/m²
B2	10/0.4kV	2×1600kVA	裙房酒店	90VA/m²
31F	10/0.4kV	4×1250kVA	办公中低区	77.9VA/m²
52F	10/0.4kV	4×1000kVA	办公中区	74.2VA/m²
73F	10/0.4kV	4×800kVA	办公高区	75.6VA/m²
81F	10/0.4kV	4×1000kVA	酒店	73VA/m²

D. 柴油发电机设置

设置位置	电压等级	机组台数和容量	主要用途	单位面积指标
B1	0.4kV	1×2000kVA（常用）	应急（办公商业合用）	10.9VA/m²
B1	10kV	1×2000kVA（常用）	应急（办公酒店合用）	20.6VA/m²

超高层建筑电气设计关键技术研究与实践

项目简介：

上海环球金融中心是一幢跨世纪的、具有国际一流设施和一流管理水平的智能型超大型建筑。本项目基地周围与88层的金茂大厦以及上海中心呈三足鼎立之势，北侧紧临的世纪大道，与中心绿地两侧数幢办公大厦遥遥相对，基地的东侧和南侧根据城市规划要求分别保留了绿化带，使上海的主导东南风能经过这块绿化带的净化吹向基地。塔楼部由入口进厅、会议中心、办公、酒店、观光设施以及避难层构成。游人可由观光专用电梯直达94层观光大厅将浦江两岸的美景尽收眼底。

上海环球金融中心基地面积3万m^2，位于浦东新区陆家嘴国际金融贸易中心区Z4－1街区内，基地西北朝向面积达10万m^2的陆家嘴中心绿地。地上101层，地下3层，总高度为492m。

立面图

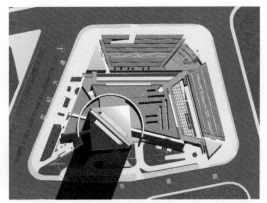

总平面图

A. 项目概况

项目所在地		上海					
建设单位		上海环球金融中心有限公司					
总建筑面积		381610m²					
建筑功能（包含）		商业、办公、酒店、观光					
各分项面积及功能	观光	14000m²；城市观光					
	塔楼	268186m²；办公、超5星酒店					
	裙房	34000m²；商业、会议中心					
	地下室	65424m²；商业、酒店后勤、车库					
建筑高度		塔楼 492m					
结构形式		结构体系基本上为钢筋混凝土结构（SKE）和钢结构（S）					
酒店品牌		柏悦酒店					
避难层/设备层分布楼层及层高	楼层	6	18	30	42	54	66	78	89
	层高（m）	4.37	4.47	4.47	4.47	4.47	4.2	4.47	4.2
	楼层	90					
	层高（m）	4.92					
设计时间		2004年10月					
竣工时间		2008年10月					

B. 供配电系统

申请电源	三路35kV；单路最大12500kVA		
总装机容量（MVA）	37.500		
变压器装机指标（VA/m²）	98.4		
实际运行平均值（W/m²）	53.76		
供电局开关站设置	■有　□无	面积（m²）	90（35kV）

C. 变电所设置

变电所位置	电压等级	变压器台数及容量	主要用途	单位面积指标
B2	35/10kV	3×12500kVA	主变电所	98.4VA/m²
B2	10kV	7×1000kW（7×1250kVA）	制冷机组（全楼）	22.9VA/m²
B2	10/0.4kV	14×1600kVA	商业、车库、酒店后勤、机房	225VA/m²
6F	10/0.4kV	4×1250kVA	6～17层办公	126VA/m²（备100%）
18F	10/0.4kV	6×1250kVA	18～29层办公	188VA/m²（备100%）
30F	10/0.4kV	7×1250kVA	30～41层办公	220VA/m²（备100%）
42F	10/0.4kV	7×1250kVA	42～53层办公	220VA/m²（备100%）
54F	10/0.4kV	7×1250kVA	54～65层办公	220VA/m²（备100%）
66F	10/0.4kV	6×1250kVA	66～87层办公	188VA/m²（备100%）
89F、90F	10/0.4kV	11×1250kVA	88层及以上酒店、城市观光、屋顶机房	143VA/m²

D. 柴油发电机设置

设置位置	电压等级	机组台数和容量	主要用途	单位面积指标
B2	10kV	5×2500kVA（其中1台备用）	全楼	26.2VA/m²

立面图

项目简介：

　　温州鹿城区七都岛位于瓯江江心，与杨府山、经济技术开发区和永嘉县隔江相望。以七都大桥为纽带，与温州市中心区隔江呼应，结合其优越的地理位置、自然景观资源，建设成为温州市最亮丽的景观岛屿。

　　"温州中心"项目地处其西面岛头最显要的区域，基地三面环江，西临瓯江与温州主城区相望；南北两侧为规划滨江公园绿地；东边是红线宽度为24m的规划城市道路，道路以东为规划城市广场用地及商务用地。

　　"温州中心"项目其中A区总建筑面积约为26.3万m²，其中地上建筑面积约为20.8万m²，地下建筑面积约为5.5万m²。

　　建筑层数：塔楼A1栋为办公、酒店区，地上56层，建筑高度280.8m（从室外地面至屋顶平台，下同）；塔楼A2栋为办公区，地上29层，建筑高度131m；塔楼A3栋为办公区，地上29层，建筑高度131m。

总平面图

A. 项目概况

项目所在地		温州
建设单位		温州中心大厦建设发展有限公司
总建筑面积		26.1 万 m²（A 区）
建筑功能（包含）		办公、商业、酒店、公寓
各分项面积及功能	A1 塔楼	约 9.2m²；办公、公寓、五星级酒店
	A2 塔楼	约 3.8 万 m²；公寓
	A3 塔楼	约 3.8 万 m²；公寓
	城市阳台	约 0.6 万 m²；企业办公、健身、游泳
	裙房	约 3.4 万 m²；商业、酒店后勤、大堂
	地下室	约 5.5 万 m²；酒店后勤、车库、功能机房
建筑高度		A1 塔楼 280.m、A2 塔楼 131m、A3 裙房 131m
结构形式		框架 - 核心筒混合
酒店品牌		

避难层 / 设备层分布楼层及层高	楼层	12	24	28	37	41		
	层高（m）	8.1	4.2	8.4	4.2	8.1		

设计时间	2015 年 3 月
竣工时间	

B. 供配电系统

申请电源	四路 10kV 互为备用
总装机容量（MVA）	25.2
变压器装机指标（VA/m²）	94.7
供电局开关站设置	□有　■无　　　面积（m²）

C. 变电所设置

变电所位置	电压等级	变压器台数及容量	主要用途	单位面积指标
B1	10/0.4kV	2×1600kVA+2×1250kVA	低区酒店 + 制冷机房	
41F	10/0.4kV	2×1250kVA	高区酒店	
28F	10/0.4kV	2×1250kVA	企业办公	
B1	10/0.4kV	2×1600kVA+2×1000kVA	办公	
B1	10/0.4kV	4×2000kVA+2×1000kVA	公寓	

D. 柴油发电机设置

设置位置	电压等级	机组台数和容量	主要用途	单位面积指标
B1	0.4kV	1600kW 常载	酒店	
B1	0.4kV	1250kW 常载	办公 + 车库	
B1	0.4kV	1000kW 常载	预留	

项目简介：

　　江苏苏州绿地中心超高层B1地块项目位于新吴江商务区的中心地带，设计考虑了项目与城市以及周围环境之间的关系。塔楼高78层，到屋顶的高度为341.4m，到冠顶的高度为358.0m。塔楼共有地下3层，包括酒店后勤部，停车场，卸货和设备空间。首层主要包括办公楼主大堂，酒店大堂，酒店式公寓及零售功能。3F～10F以及13F～30F是办公功能。33F～48F是酒店功能，其中35F为酒店配套设施层，包括水疗中心和健身俱乐部。36F～48F为酒店客房层。50F～75F是酒店式公寓的功能。76F～77F为酒店餐厅及酒吧。塔楼11F、12F、31F、32F、49F，以及49F夹层将包括主要设备空间，为主塔楼服务。避难区位于第11F、21F、31F、40F、49F夹层，59F及70F。项目包括两个多层中庭，其中一个位于酒店客房区33F～48F，另一个中庭则位于酒店式公寓50F～76F。

　　由于其得天独厚的位置以及标志性的建筑造型，苏州绿地中心超高层B1地块建成后，将成为江苏省令人向往的重要标志性建筑。

立面图

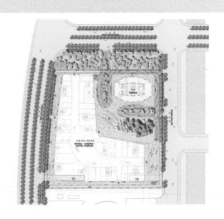

总平面图

A. 项目概况

项目所在地	江苏苏州							
建设单位	绿地集团（吴江）置业有限公司							
总建筑面积	330113m²							
建筑功能（包含）	办公、商业、酒店、公寓							
各分项面积及功能	塔楼办公区域	64947m²；办公						
	塔楼酒店区域	40567m²；酒店						
	塔楼酒店式公寓区域	49841m²；酒店式公寓						
	商业副楼	78205m²；商业、餐饮、影院、培训						
	地下室	96553m²；商业、酒店后勤、车库、功能机房						
建筑高度	塔楼 358m，副楼 23.9m							
结构形式	带伸臂桁架的框架 - 主楼核心筒，框架 - 副楼							
酒店品牌								
避难层/设备层分布楼层及层高	楼层	3	22	32	40	50	59	70
	层高（m）	5.2	4.4	5.2	3.9	4.5	3.9	3.9
设计时间	2015 年							
竣工时间								

B. 供配电系统

申请电源	六路 10kV 互为备用	
总装机容量（MVA）	42.4	
变压器装机指标（VA/m²）	128	
供电局开关站设置	□有 ■无	面积（m²）

C. 变电所设置

变电所位置	电压等级	变压器台数及容量	主要用途	单位面积指标
B2	10/0.4kV	2×1250kVA	商业冷冻机房	
B1	10/0.4kV	4×1600kVA	商业及地库 1 号变电所	
B1	10/0.4kV	4×1600kVA	商业及地库 2 号变电所	
B1	10/0.4kV	2×2000kVA	商业及地库 3 号变电所	
B1	10/0.4kV	2×1600kVA+2×1250kVA	办公变电所	
B1	10/0.4kV	2×1000kVA	办公冷冻机房	
B1	10/0.4kV	2×1250kVA+2×1000kVA	酒店 3 号变电所	
B1	10/0.4kV	2×1000kVA	酒店冷冻机房	
31F	10/0.4kV	4×1000kVA	酒店变电所	
50F	10/0.4kV	2×800kVA	公寓专变	

D. 柴油发电机设置

设置位置	电压等级	机组台数和容量	主要用途	
B1	0.4kV	2500kVA 常载	酒店及公寓	
B1	0.4kV	1675kVA 常载	商业	
B1	10kV	1675kVA 常载	办公	

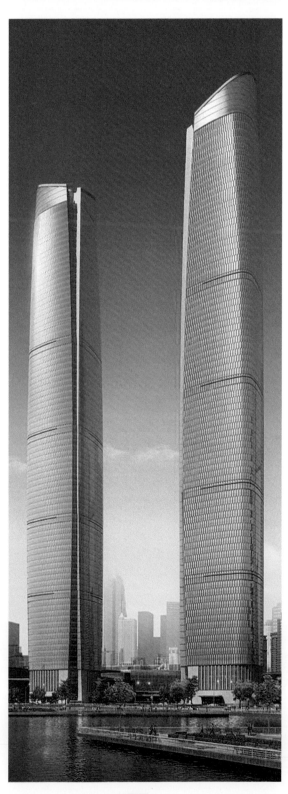

立面图

项目简介:

武汉CBD核心区将建成以金融、保险、证券、贸易、信息、咨询等产业为主,"立足华中、服务全国、面向世界"的现代金融服务中心,聚集办公、零售、酒店三大功能于一体,成为中国中部地区最具活力和价值的区域。

武汉世贸中心超高层塔楼是武汉CBD公司实施核心区开发战略的又一个超大型项目,是实现核心区功能最重要的组成部分之一,对于巩固CBD核心地位,促进泛海品牌发展具有标杆作用,对于将武汉中央商务区打造成为华中现代服务业中心,助推武汉市成为中部城市群的龙头也具有十分突出的现实意义。

武汉世贸中心超高层塔楼是一幢武汉领先、面向全国、面向全世界的超大型建筑,是拥有容积率建筑面积约24.6万m^2,地下建筑面积约5.5万m^2,总高438m,共86层的超高层综合大厦。

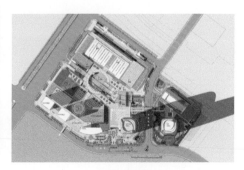

总平面图

A. 项目概况

项目所在地		武汉							
建设单位		武汉王家墩中央商务区建设投资股份有限公司							
总建筑面积		307400m²							
建筑功能（包含）		办公							
各分项面积及功能	塔楼	246400m²；办公							
	裙房	6200m²；商业							
	地下室	54800m²；车库							
建筑高度		塔楼 438m							
结构形式		框架 - 核心筒混合结构 +1 道伸臂桁架 +2 道环带桁架							
酒店品牌									
避难层 / 设备层分布楼层及层高	楼层	5	12	18	25	31	40	46	54
	层高（m）	5.9	4.4	6.6	4.4	6.6	4.5	6.6	4.5
	楼层	61	69	76	84				
	层高（m）	6.6	4.5	4.5	66				
设计时间		2016 年 9 月（初步设计）							
竣工时间									

B. 供配电系统

申请电源	六路 10kV；三路 1 组，2 用 1 备，单路最大 9300kVA	
总装机容量（MVA）	34.349	
变压器装机指标（VA/m²）	111.74	
供电局开关站设置	■有 □无	面积（m²） ～ 110

C. 变电所设置

变电所位置	电压等级	变压器台数及容量	主要用途	单位面积指标
B1	10/0.4kV	2×1250kVA+2×2000kVA	车库变电所 + 车库商业变	106.5VA/m²
B2	10kV	5×900kW（5×1125kVA）	制冷机组（全楼）	16.1VA/m²
12F	10/0.4kV	4×800kVA	5F ~ 17F 办公	75VA/m²
25F	10/0.4kV	4×800kVA	18F ~ 30F 办公	75VA/m²
40F	10/0.4kV	2×1000kVA+2×800kVA	31F ~ 45F 办公	75VA/m²
54F	10/0.4kV	2×1000kVA+2×800kVA	46F ~ 60F 办公	75VA/m²
69F	10/0.4kV	4×1000kVA	61F ~ 72F 办公	75VA/m²
76F	10/0.4kV	4×1000kVA	73F ~ 83F 办公 85F ~ 86F 观光	75VA/m²

D. 柴油发电机设置

设置位置	电压等级	机组台数和容量	主要用途	单位面积指标
B1	0.4kV	1×2000kVA	低区	22.3VA/m²
B1	10kV	3×1600kVA	高区	22.3VA/m²

项目简介:

　　本项目位于上海张江城市副中心,与张江57-01地块合称上海张江"科学之门"。整个项目包括:1号办公塔楼,高320m,定位为超甲级标准办公楼。4号酒店塔楼,功能为酒店,高100m,裙房24m。2号文化塔楼,高度24m。3号商业塔楼,高度24m。

　　1号塔楼:办公塔楼为59层。首层大堂挑空2层,二层与室外连桥相通。设有1个空中大堂,位于41层及42层。塔楼中间设5个设备避难层。2号、3号文化商业:1F～3F,局部4层,包涵商业、文化等功能。4号酒店塔楼:酒店塔楼为25层。裙房部分为酒店配套大堂餐饮康体设施,共四层,高度为24m。

　　地下空间:58-01地块地下空间共四层,其中B1层7.9m,B2-B4为3.8m。本项目室内外最大高差0.15m。与57-01地块地下空间通过车行及人行联通道连接。在地下一层及地下三层与卓闻路隧道连通。地下室除商业外为地下车库,非机动车停车、酒店后勤、设备机房以及人防空间。

立面图　　　　　　　　　总平面图

A. 项目概况

项目所在地	上海				
建设单位	上海灏集张新建设发展有限公司				
总建筑面积	312934.5m²				
建筑功能（包含）	办公、商业、酒店				
各分项面积及功能	1号楼	174510.90m²；办公			
	2号楼	6947.99m²；文化			
	3号楼	16101.98m²；商业			
	4号楼	29388.50m²；酒店			
	地下室	77612.70m²；商业、酒店后勤、车库、功能机房			
建筑高度	1号楼 320m、2号楼 23.85m、3号楼 23.85m、4号楼 99.85m				
结构形式	1号楼：型钢混凝土柱框架 - 核心筒结构 2、3号楼：钢梁 + 型钢混凝土柱框架结构 4号楼：方钢管混凝土柱框架 - 核心筒结构				
酒店品牌					
避难层 / 设备层分布楼层及层高	楼层	10	20	30	40	49
	层高（m）	6.0	6.0	6.0	6.0	6.0
设计时间	2020 年 6 月				
竣工时间	预计 2026 年				

B. 供配电系统

申请电源	两路 35kV	
总装机容量（MVA）	32	
变压器装机指标（VA/m²）	102.3	
供电局开关站设置	□有　■无	面积（m²）

C. 变电所设置

变电所位置	电压等级	变压器台数及容量	主要用途	单位面积指标
B1	35kV/10kV	2×16000kVA	总用电	102.3VA/m²
B1	10kV/0.4kV	2×1600kVA	制冷站	11.3VA/m²
B1	10kV/0.4kV	4×2000kVA	办公低区及投影地下室	122.7VA/m²
B1	10kV/0.4kV	2×1600kVA	酒店	108.9VA/m²
B3	10kV/0.4kV	2×1600kVA	文化中心及车库	147.9VA/m²
B3	10kV/0.4kV	2×1600kVA	南区商业及车库	103.9VA/m²
20F	10kV/0.4kV	4×1250kVA	办公中区	84.6VA/m²
49F	10kV/0.4kV	4×1250kVA	办公高区	80.8VA/m²

D. 柴油发电机设置

设置位置	电压等级	机组台数和容量	主要用途	单位面积指标
B1	0.4kV	2×1600kVA（常用）	办公应急（合用）	11.6W/m²
B1	0.4kV	2×1000kVA（常用）	办公租户预留（专用）	7.3W/m²
B1	10kV	2×630kVA（常用）	酒店应急（合用）	42.9W/m²

30. 重庆俊豪

立面图

项目简介：

　　本项目地处两江新区江北嘴CBD核心区域，具备明显的区位优势，方案根据地块特点及企业的经营目标，力求将俊豪ICFC项目打造成集商业、商务办公、娱乐休闲为一体的综合性地标建筑。设计注重建立建筑的形象及与周边环境的关系，充分考虑沿城市道路的形象界面，考虑中心绿地与建筑的对景关系及周边建筑形态对本案的影响。合理配置外部公共空间与城市空间、绿化景观的层次，遵循良好的密度与尺度关系。以人为本，做到建筑、环境与人的和谐统一。

　　本项目地块位于重庆市两江新区江北城组团A07—1/03地块。该项目地处重庆市两江新区CBD的核心地段。项目用地面积17048m²，地块东西长约132m，南北宽约130m，呈近似正方形形状，场地为坡地，最高点高程258.78m，最低高程为250.92m，高差为7.86m。项目设计地上65层，地上建筑面积220687.45m²，其中计容面积为219919.20m²；地下7层，地下室建筑面积100043.14m²。A栋塔楼外轮廓总高度299.6m，相当于黄海海拔552m。B栋塔楼大屋面总高度149.9m，附楼高度约39.8m。主要功能包括：商业、办公、酒店和会所，属于综合性超高层建筑。

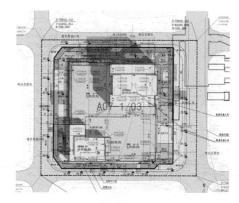

总平面图

A. 项目概况

项目所在地	重庆							
建设单位	重庆俊豪富通置业有限公司							
总建筑面积	320730m²							
建筑功能（包含）	办公、商业、酒店							
各分项面积及功能	A 地块	284423m²；办公、酒店、商业、车库						
	B 地块	36307m²；办公						
建筑高度	A1 塔楼 310m、A2 塔楼 310m、A3 裙房 23.9m							
结构形式	型钢混凝土柱 - 钢梁 - 钢筋混凝土核心筒混合结构体系							
酒店品牌								
避难层 / 设备层分布楼层及层高	楼层	7	22	37	50	63		
	层高（m）	5	5	5	5.2	6.7		
设计时间	2013 年							
竣工时间								

B. 供配电系统

申请电源	四路 10kV 互为备用	
总装机容量（MVA）	27.02	
变压器装机指标（VA/m²）	85	
供电局开关站设置	□有 ■无	面积（m²）

C. 变电所设置

变电所位置	电压等级	变压器台数及容量	主要用途	单位面积指标
B4	10/0.4kV	2×800kVA	车库	
B1	10/0.4kV	2×1600kVA+2×1250kVA+4×1000kVA+4×630kVA	商业 + 制冷机房	
7F	10/0.4kV	4×800kVA	办公	
22F	10/0.4kV	4×1000kVA	办公中区	
37F	10/0.4kV	4×1000kVA	办公高区	
50F	10/0.4kV	2×1000kVA	酒店	
63F	10/0.4kV	2×1000kVA	酒店	

D. 柴油发电机设置

设置位置	电压等级	机组台数和容量	主要用途	单位面积指标
B1	0.4kV	500kVA 常载	酒店	10W/m²
B1	0.4kV	2500kVA 常载	商业 + 办公	8W/m²

深圳中信金融中心项目位于深圳市南山区深圳湾超级总部基地，总用地面积117.4万m²，总开发建筑面积约520万m²。建筑使用性质为办公、商业和酒店公寓功能。结构类型：钢筋混凝土框架+核心筒结构，钢筋混凝土框架结构体系。总建筑面积：378935.00m²，其中计容积率建筑面积：272097.50m²，不计容积率建筑面积：106837.50m²。

1栋—A座塔楼：功能为办公，层数为62层，建筑高度为300m。

1栋—B座塔楼：功能为酒店、公寓，层数为37层，建筑高度为170.25m。

1栋—裙楼：功能为商业，办公（会议中心），酒店，层数为4层，建筑高度为27.45m。

地下室：功能为商业、办公（B1层办公大堂）、机房设备、停车库（局部人防）；层数为地下5层，地下一层功能为商业、办公大堂及设备用房，地下二层功能为商业、设备用房、货车卸货区；地下三层为汽车停车库及设备用房；地下四、五层为汽车停车库（局部兼作人防）及设备用房。

立面图 　　　　　　　　　　　鸟瞰图

A. 项目概况

项目所在地	深圳						
建设单位	中信证券股份有限公司、金石泽信投资管理有限公司						
总建筑面积（m²）	378935.00m²						
建筑功能（包含）	办公、商业、酒店和公寓功能						
各分项面积及功能	裙房＋塔楼	272097.50m²					
	地下室	106837.50m²					
建筑高度（m）	A 座塔楼 300m；B 座塔楼 170.25m						
结构形式	主塔楼钢筋混凝土框架＋核心筒结构，裙房钢筋混凝土框架结构体系						
酒店品牌							
避难层/设备层分布楼层及层高	楼层	11	22	32	42	52	
	层高（m）	5	6	6	6	5	
设计时间	2020 年 10 月						
竣工时间							

B. 供配电系统

申请电源	六路（共 3 组）互供互备 10kV 高压电源			
总装机容量（MVA）	38.3			
变压器装机指标（VA/m²）	101.8			
供电局开关站设置	■有　□无	面积（m²）	80	

C. 变电所设置

变电所位置	电压等级	变压器台数及容量	主要用途	单位面积指标
地下 2 层	10/0.4kV	4×1600kVA	办公 A 塔楼低区	95VA/m²
32 层	10/0.4kV	4×1000kVA	办公 A 塔楼中区	
52 层	10/0.4kV	4×1000kVA	办公 A 塔楼高区	
地下 3 层	10/0.4kV	2×1250kVA+2×1000kVA	办公制冷机房	
地下 3 层	10/0.4kV	2×1000kVA	办公充电桩	
地下 3 层	10/0.4kV	2×1600kVA	酒店 B 塔楼	150VA/m²
地下 3 层	10/0.4kV	1×1000kVA	酒店充电桩	
地下 3 层	10/0.4kV	2×1000kVA	公寓 B 塔楼	80VA/m²
地下 2 层	10/0.4kV	2×2000kVA	商业地库 1	85VA/m²
地下 2 层	10/0.4kV	2×2000kVA	商业地库 2	
地下 4 层	10/0.4kV	2×1000kVA	商业制冷机房	
地下 3 层	10/0.4kV	1×800kVA	商业地库充电桩	
地下 2 层	10/0.4kV	1×400kVA	商业超市	

D. 柴油发电机设置

设置位置	电压等级	机组台数和容量	主要用途	单位面积指标
地下 2 层	0.4kV	1×1500kVA	办公 A 塔楼低区	18VA/m²
地下 2 层	0.4kV	1×1200kVA	办公 A 塔楼高区	18VA/m²
地下 2 层	0.4kV	1×1100kVA	商业地库 1	15VA/m²
地下 2 层	0.4kV	1×1100kVA	商业地库 2	15VA/m²
地下 2 层	0.4kV	1×1100kVA	酒店公寓 B 塔	30VA/m²

跋

随着中国经济的高速发展，城市建设日渐成熟，人口密度日益增加，给建筑行业带来了前所未有的发展机遇，在高密度核心区建设超高层建筑已成为城市发展的必然趋势。特别是对于建筑高度超过250m的超高层建筑，不仅有外在的宏伟壮观，更有内在的复杂机电，在设计与建设过程中诸多难点层出不穷，许多问题是一般高层建筑所没有的特殊要求。在一般高层建筑中看似普通的技术问题，而在高度超过250m的超高层建筑中，往往需做特殊处理，有许多甚至是现行标准规范尚未完全覆盖的内容，亟待专项研究探讨解决。

有此初衷，并基于华东院在超高层建筑设计领域的丰富实践经验，于2014年初，本书主编——中国建筑学会建筑电气分会理事长、华东院电气总工程师沈育祥开始策划筹备，总结形成华东院内部资料《超高层建筑电气设计优秀项目资料汇编》，并组织院内参与超高层建筑设计的优秀电气工程师，在行业权威期刊上发表多篇相关技术论文。

我作为国内最早参与超限高层建筑设计与建设的见证者之一，从1999年参加上海环球金融中心项目重启会开始，到2008年该项目竣工验收，在10年漫长的设计与建设过程中，我带领的上海环球金融中心项目电气团队克服重重困难，解决了工程中的许多技术难点，创新了在超高层中的电气防灾设计，充分体会了一名电气设计师的酸甜苦辣。在最后的防雷验收阶段，当我站在高高的环球金融中心屋顶上俯视，上海整座城市尽收眼底，那一刻，倍感自豪。自此，我与超高层建筑结下了深切的不解之缘，曾先后主持了绿地长江、南京金鹰、合肥恒大、南京紫峰等众多超限高层建筑项目，在这些项目的电气设计过程中，重点研究、探讨了250m及以上超高层建筑的技术难点，先后整理出10多篇技术资料总结，并在期刊上发表多篇论文，积累了超高层建筑电气设计的丰富经验。

2019年，沈育祥总工程师策划、组织华东院的电气工程师，对超高层建筑项目的电气设计关键技术再次进行梳理、总结与归纳，反复推敲，几易其稿，于2021年1月底编撰完成了这本《超高层建筑电气设计关键技术研究与实践》。

本书凝聚了沈育祥总工程师和华东院电气人的汗水和心血，希望本书的出版对于我国超高层建筑的电气设计与实施具有一定的指导意义！

华建集团华东建筑设计研究总院

2021年2月9日

超高层建筑电气设计关键技术研究与实践